高等学校"十二五"规划教材

给排水科学与工程专业应用与实践丛书

给排水工程 CAD基础及应用

杨松林　董金华 ■ 主编

兰玉华　牛虎利　侯亚男 ■ 副主编

化学工业出版社

·北京·

本书共分 8 章。首先介绍了给排水工程设计概论、CAD 二维图形设计基础以及有关 CAD 工程制图的国家标准，重点介绍了水处理工程、室内给排水工程和室外给排水工程 CAD 制图绘制方法与实例，之后又介绍了 CAD 软件三维图形设计基础，最后介绍了给排水工程三维图形绘制实例。

本书理论联系实际，体现了 CAD 技术的先进性、实用性、适用性、通用性，既可作为水处理工程及相关专业工程技术人员的参考书，也可作为相关专业本专科学生的教学参考资料。

图书在版编目（CIP）数据

给排水工程 CAD 基础及应用/杨松林，董金华主编．
北京：化学工业出版社，2016.2（2021.8 重印）
高等学校"十二五"规划教材
（给排水科学与工程专业应用与实践丛书）
ISBN 978-7-122-24692-9

Ⅰ．①给… Ⅱ．①杨…②董… Ⅲ．①给排水系统-计算机辅助设计-AutoCAD 软件　Ⅳ．①TU991.02-39

中国版本图书馆 CIP 数据核字（2016）第 004129 号

责任编辑：徐　娟　　　　　　　　　　装帧设计：关　飞
责任校对：宋　玮

出版发行：化学工业出版社（北京市东城区青年湖南街 13 号　邮政编码 100011）
印　　装：北京七彩京通数码快印有限公司
787mm×1092mm　1/16　印张 13¼　字数 340 千字　2021 年 8 月北京第 1 版第 9 次印刷

购书咨询：010-64518888　　　　　　　售后服务：010-64518899
网　　址：http://www.cip.com.cn
凡购买本书，如有缺损质量问题，本社销售中心负责调换。

定　　价：39.80 元　　　　　　　　　　　　　　　　　　　　版权所有　违者必究

丛书编委会名单

主　　　任：蒋展鹏

副　主　任：彭永臻　章北平

编委会成员（按姓氏汉语拼音排列）：

　　　　　　崔玉川　董金华　蒋展鹏　蓝　梅　李　军
　　　　　　刘俊良　彭永臻　唐朝春　王　宏　王亚军
　　　　　　徐得潜　杨开明　杨松林　张林军　张　伟
　　　　　　章北平　赵　远

丛书序

在国家现代化建设的进程中,生态文明建设与经济建设、政治建设、文化建设和社会建设相并列,形成五位一体的全面建设发展道路。建设生态文明是关系人民福祉,关乎民族未来的长远大计。而在生态文明建设的诸多专业任务中,给排水工程是一个不可缺少的重要组成部分。培养给排水工程专业的各类优秀人才也就成为当前一项刻不容缓的重要任务。

21世纪我国的工程教育改革趋势是"回归工程",工程教育将更加重视工程思维训练,强调工程实践能力。针对工科院校给排水工程专业的特点和发展趋势,为了培养和提高学生综合运用各门课程基本理论、基本知识来分析解决实际工程问题的能力,总结近年来给排水工程发展的实践经验,我非常高兴化学工业出版社能组织全国几十所高校的一线教师编写这套丛书。

本套丛书突出"回归工程"的指导思想,为适应培养高等技术应用型人才的需要,立足教学和工程实际,在讲解基本理论、基础知识的前提下,重点介绍近年来出现的新工艺、新技术与新方法。丛书中编入了更多的工程实际案例或例题、习题,内容更简明易懂,实用性更强,使学生能更好地应对未来的工作。

本套丛书于"十二五"期间出版,对各高校给排水科学与工程专业和市政工程专业、环境工程专业的师生而言,会是非常实用的系列教学用书。

蒋展鹏
2013年2月

前 言

ECAD（Engineering Computer Aided Design）即工程计算机辅助设计（工程CAD），是将计算机技术应用到工程设计领域中，包括计算、统计、分析、优化、制图及技术经济分析等。工程CAD技术的开发与应用彻底改变了传统的设计方法，无论在设计速度、精度、图面质量、出错率以及在社会效益和经济效益等方面都具有传统设计方法无法比拟的优点。最初的给排水处理工程设计是在通用的CAD软件平台上进行的，这种应用大大提高了其设计效率，但是，由于给排水工程设计本身的复杂性和广泛性，简单地将CAD绘图软件系统用来绘制二维图形已经不能满足水处理工程设计的需要，需要将CAD软件进行更深层次的应用，逐步向更细分的应用技术和用户市场方向发展；针对更高层次不同的设计需求，用户必须不断深入、熟练掌握CAD软件操作应用技术（如三维、二次开发技术）才能满足给排水工程设计的需要。

AutoCAD软件是美国Autodesk公司开发的著名的CAD软件，它是目前最优秀、最流行的二维、三维一体化的计算机辅助设计软件之一，它充分体现了当前CAD技术应用发展的前沿和方向。

给排水工程CAD的重要内容之一是研究如何将CAD技术良好地应用于给排水工程设计，探索与其工程及设计专业相结合的方法与技巧，发现二者的有机结合点。本书编者在给排水工程CAD教学过程中发现，将AutoCAD的二维、三维等实用操作技术应用于给排水工程设计行业是将给排水工程CAD技术发展引向深入的一个很好的方向。本书尽可能做到体现CAD技术的先进性、实用性、适用性、通用性，尽量做到理论联系实际，既可作为给排水工程及相关技术人员的参考书，也可作为相关技术行业的本专科学生的教学参考资料。书中所有二维、三维图形及编程实例均已通过上机调试。

本书由杨松林、董金华任主编，由兰玉华、牛虎利、侯亚男任副主编，各章的作者分别为杨松林（第1、3章）、董金华（第5、8章）、牛虎利（第2、3、8章）、兰玉华（第1、3章）、侯亚男（第6、7章）、范红丽（第4章）、刘凯飞（第4章）、和倩（第4、6章），其中兰玉华的单位是河北电机股份有限公司，和倩的单位是中国电子科技集团公司第十三研究所，侯亚男的单位是北京石标认证中心有限公司石家庄分公司，其他编者的单位均为河北科技大学。

由于编者水平有限，书中难免存在缺点和不足，衷心希望广大读者给予批评和指正。

编者
2015年10月

目 录

第1章 给排水工程设计概论 ··· 1
 1.1 给排水工程设计 ··· 1
  1.1.1 我国给排水工程设计的发展 ·· 2
  1.1.2 给排水工程 CAD 应用中存在的问题 ································ 2
  1.1.3 给排水工程 CAD 技术的发展前景 ···································· 2
 1.2 土木工程施工图设计 ··· 3
  1.2.1 建筑施工图设计 ··· 4
  1.2.2 结构施工图设计 ··· 6
 1.3 土木工程 CAD 制图标准 ··· 10
  1.3.1 图纸幅面和格式 ··· 10
  1.3.2 图线 ··· 12
  1.3.3 字体 ··· 13
  1.3.4 比例 ··· 13
  1.3.5 尺寸标注 ·· 14
  1.3.6 定位轴线及编号 ··· 16
  1.3.7 尺寸单位及标高 ··· 16
  1.3.8 索引符号及详图符号 ··· 17
  1.3.9 对称符号与引出线 ·· 18
  1.3.10 指北针与风向频率玫瑰图 ··· 18

第2章 CAD 二维图形设计基础 ·· 19
 2.1 CAD 文件的基本操作 ·· 19
 2.2 常用绘图命令 ·· 22
  2.2.1 绘制水平和垂直线 ·· 22
  2.2.2 添加线型 ·· 22
  2.2.3 画圆 ··· 23
  2.2.4 画椭圆 ··· 24
  2.2.5 画三点弧 ·· 24
  2.2.6 多义线和矩形 ·· 24
  2.2.7 简单写字 ·· 24
  2.2.8 修剪 ··· 25
  2.2.9 画多边形 ·· 25
  2.2.10 变线宽 ·· 25

	2.2.11	样条曲线 Spline	26
2.3		二维编辑命令	26
	2.3.1	删除命令 Erase	26
	2.3.2	复制命令 Copy	26
	2.3.3	移动命令 Move	27
	2.3.4	修剪命令 Trim	27
	2.3.5	拉伸命令 Stretch	27
	2.3.6	倒圆角命令 Fillet	27
	2.3.7	倒斜角命令 Chamfer	28
	2.3.8	实体缩放命令 Scale	29
	2.3.9	镜像命令 Mirror	29
	2.3.10	旋转命令 Rotate	29
	2.3.11	有边界延伸命令 Extend	29
	2.3.12	无边界延伸命令 Lengthen	29
	2.3.13	分解命令 Explode	29
	2.3.14	偏移命令 Offset	30
	2.3.15	打断命令 Break	30
	2.3.16	阵列命令 Array	30
	2.3.17	剖面线命令 Hatch	30
2.4		辅助命令及功能	31
	2.4.1	绝对、相对、极坐标	31
	2.4.2	实体特征点的捕捉	32
	2.4.3	视觉缩放	32
	2.4.4	快捷特性	32
	2.4.5	动态输入	32
	2.4.6	临时和永久捕捉	33
	2.4.7	格式刷	35
	2.4.8	实体特性对话框	35
	2.4.9	冷点与热点	35
	2.4.10	过滤点操作及应用	35
	2.4.11	三钮联动	36
2.5		图块的应用	37
	2.5.1	块的定义、特点及类型	37
	2.5.2	定义本图块和文件块	37
	2.5.3	插入块	38
2.6		尺寸标注	39
	2.6.1	尺寸构造	39
	2.6.2	尺寸种类及标注方法	39
	2.6.3	尺寸标注前的设置	40
2.7		图形输出	46

第 3 章 有关 CAD 工程制图的国家标准 ································· 48
3.1 CAD 工程制图概述 ································· 48

3.2 CAD工程制图术语及图样的种类 … 48
3.3 CAD工程制图的基本要求 … 49
3.3.1 图纸幅面 … 49
3.3.2 比例 … 50
3.3.3 字体 … 50
3.3.4 图线 … 51
3.3.5 剖面符号 … 52
3.3.6 标题栏 … 53
3.3.7 明细栏 … 53
3.3.8 代号栏 … 54
3.3.9 附加栏 … 54
3.3.10 存储代号 … 55
3.4 CAD工程图的基本画法 … 55
3.5 CAD工程图的尺寸标注 … 55
3.6 CAD工程图的管理 … 56
3.6.1 CAD工程图管理的一般要求 … 56
3.6.2 图层管理 … 56
3.6.3 文件管理 … 57
3.7 设置符合工程制图国家标准的绘图模板 … 57
3.7.1 建立模板的重要意义 … 57
3.7.2 创建模板图的步骤 … 57
3.8 图形符号的绘制 … 59
3.9 投影法 … 59
3.9.1 正投影 … 59
3.9.2 第一角画法 … 59
3.9.3 轴测投影 … 60
3.9.4 透视投影 … 61
3.10 给水排水制图标准 … 61
3.10.1 一般规定 … 61
3.10.2 比例 … 61
3.10.3 标高 … 62
3.10.4 管径 … 62
3.10.5 编号 … 62
3.10.6 图例 … 63
3.10.7 图样画法 … 67

第4章 水处理工程CAD图的绘制方法与实例 … 71
4.1 水处理工程制图概述 … 71
4.1.1 水处理工程概述 … 71
4.1.2 水处理工程总图 … 72
4.1.3 水处理构筑物及设备工艺图 … 74
4.2 某污水处理厂总平面图 … 76
4.2.1 某污水处理厂总平面图说明 … 76

  4.2.2　实例绘制步骤 …………………………………………………………… 76
 4.3　污水处理高程图 ……………………………………………………………………… 82
  4.3.1　污水处理高程图实例说明 ……………………………………………………… 82
  4.3.2　实例绘制步骤 …………………………………………………………… 82
 4.4　曝气池工艺图 ………………………………………………………………………… 86
  4.4.1　曝气池工艺图说明 ……………………………………………………………… 86
  4.4.2　实例绘制步骤 …………………………………………………………… 89
 4.5　二次沉淀池工艺图 …………………………………………………………………… 91
  4.5.1　二次沉淀池工艺图说明 ………………………………………………………… 91
  4.5.2　实例绘制步骤 …………………………………………………………… 91
 4.6　二次沉淀池平面图 …………………………………………………………………… 97
  4.6.1　二次沉淀池平面图说明 ………………………………………………………… 97
  4.6.2　实例绘制步骤 …………………………………………………………… 97
 4.7　二次沉淀池详图及构件表 …………………………………………………………… 100
  4.7.1　二次沉淀池详图及构件表说明 ………………………………………………… 100
  4.7.2　实例绘制步骤 …………………………………………………………… 100
 4.8　二次沉淀池 1—1 剖面图 …………………………………………………………… 102
  4.8.1　二次沉淀池 1—1 剖面图说明 ………………………………………………… 102
  4.8.2　实例绘制步骤 …………………………………………………………… 102
 4.9　二次沉淀池 2—2 剖面图 …………………………………………………………… 104
  4.9.1　二次沉淀池 2—2 剖面图说明 ………………………………………………… 104
  4.9.2　实例绘制步骤 …………………………………………………………… 104
 4.10　城市污水处理典型流程图 ………………………………………………………… 106
  4.10.1　城市污水处理典型流程图说明 ……………………………………………… 106
  4.10.2　实例绘制步骤 ………………………………………………………… 106
 4.11　FS 污水处理流程图 ………………………………………………………………… 107
  4.11.1　FS 污水处理流程图说明 …………………………………………………… 107
  4.11.2　实例绘制步骤 ………………………………………………………… 108
 4.12　两种刚性防水套管安装图 ………………………………………………………… 109
  4.12.1　两种刚性防水套管安装图说明 ……………………………………………… 109
  4.12.2　实例绘制步骤 ………………………………………………………… 109
 4.13　肉联厂废水处理流程图 …………………………………………………………… 111
  4.13.1　肉联厂废水处理流程图说明 ………………………………………………… 111
  4.13.2　图 4-17 实例绘制步骤 ……………………………………………………… 112
  4.13.3　图 4-18 实例绘制步骤 ……………………………………………………… 113
 4.14　制革废水处理流程图 ……………………………………………………………… 114
  4.14.1　制革废水处理流程图说明 …………………………………………………… 114
  4.14.2　实例绘制步骤 ………………………………………………………… 114
 4.15　味精工业废水处理流程图 ………………………………………………………… 116
  4.15.1　味精工业废水处理流程图说明 ……………………………………………… 116
  4.15.2　实例绘制步骤 ………………………………………………………… 116
 4.16　印染废水处理流程图 ……………………………………………………………… 118
  4.16.1　印染废水处理流程图说明 …………………………………………………… 118

4.16.2 实例绘制步骤 ·· 118
4.17 毛纺染色废水处理流程图 ··· 119
  4.17.1 毛纺染色废水处理流程图说明 ··· 119
  4.17.2 实例绘制步骤 ·· 119
4.18 医院污水处理流程图 ··· 121
  4.18.1 医院污水处理流程图说明 ··· 121
  4.18.2 实例绘制步骤 ·· 121
4.19 沉淀池配筋剖面图 ··· 122
  4.19.1 沉淀池配筋剖面图说明 ··· 122
  4.19.2 实例绘制步骤 ·· 123
4.20 反应器进水管线图 ··· 124
  4.20.1 反应器进水管线图说明 ··· 124
  4.20.2 实例绘制步骤 ·· 125

第5章 室内给排水工程 CAD 制图方法与实例 ·· 126
5.1 给排水工程 CAD 制图概述 ··· 126
  5.1.1 给排水工程制图概述 ··· 126
  5.1.2 室内给排水工程制图 ··· 128
5.2 室内给水系统图 ··· 138
  5.2.1 室内给水系统图说明 ··· 138
  5.2.2 实例绘制步骤 ·· 138
5.3 室内排水系统图 ··· 140
  5.3.1 室内排水系统图说明 ··· 140
  5.3.2 实例绘制步骤 ·· 140
5.4 室内给排水平面图 ··· 142
  5.4.1 室内给排水平面图说明 ··· 142
  5.4.2 实例绘制步骤 ·· 142
5.5 建筑物给排水总平面图 ··· 145
  5.5.1 建筑物给排水总平面图说明 ··· 145
  5.5.2 实例绘制步骤 ·· 145
5.6 室内给水管道系统图 ··· 147
  5.6.1 室内给水管道系统图说明 ··· 147
  5.6.2 实例绘制步骤 ·· 147
5.7 室内排水管道系统图 ··· 149
  5.7.1 室内排水管道系统图说明 ··· 149
  5.7.2 实例绘制步骤 ·· 149

第6章 室外给排水工程 CAD 制图方法与实例 ·· 152
6.1 室外给排水工程 CAD 制图概述 ··· 152
  6.1.1 概述 ·· 152
  6.1.2 室外给排水管道流程示意图 ··· 152
  6.1.3 室外给排水平面图 ··· 152

  6.1.4 室外给排水平面图的 CAD 制图步骤 ····· 154
 6.2 管道纵剖面流程示意图 ····· 155
  6.2.1 管道纵剖面流程示意图实例说明 ····· 155
  6.2.2 实例绘制步骤 ····· 155
 6.3 室外给排水管道流程示意图 ····· 157
  6.3.1 室外给排水管道流程示意图说明 ····· 157
  6.3.2 实例绘制步骤 ····· 157
 6.4 给水管道节点图 ····· 158
  6.4.1 给水管道节点图说明 ····· 158
  6.4.2 实例绘制步骤 ····· 158
 6.5 给水管道纵断面图 ····· 160
  6.5.1 给水管道纵断面图说明 ····· 160
  6.5.2 实例绘制步骤 ····· 160
 6.6 某厂某车间生活区厕所给排水平面图 ····· 161
  6.6.1 某厂某车间生活区厕所给排水平面图说明 ····· 161
  6.6.2 实例绘制步骤 ····· 162

第 7 章 CAD 软件三维图形设计基础 ····· 165
 7.1 三维 CAD 制图概述 ····· 165
 7.2 三维简单绘图 ····· 166
  7.2.1 三维立体面参照系的制作 ····· 166
  7.2.2 制作面域 ····· 166
  7.2.3 创建三维实体 ····· 166
  7.2.4 布尔运算 ····· 167
  7.2.5 三维实体命令操作 ····· 168
 7.3 三维编辑命令 ····· 172
  7.3.1 概述 ····· 172
  7.3.2 三维图形编辑操作 ····· 172
  7.3.3 三维实体编辑工具栏 ····· 174
 7.4 三维精确绘图 ····· 180
  7.4.1 三维实体的组合与分解 ····· 180
  7.4.2 三维复杂绘图方法 ····· 181
 7.5 三维图形转换二维图形 ····· 181
  7.5.1 三种空间的概念 ····· 181
  7.5.2 设置视口缩放比例 ····· 182
  7.5.3 设置视图对齐缩放特性 ····· 182
  7.5.4 Mview 视口及 Solprof 投影 ····· 182
  7.5.5 透视投影 ····· 186
 7.6 三维图形尺寸标注 ····· 187
  7.6.1 三维图形尺寸标注原则 ····· 187
  7.6.2 三维尺寸标注技巧 ····· 187
 7.7 三维图形装配 ····· 188
  7.7.1 三维装配图概述 ····· 188

  7.7.2 三维爆炸图 ·· 189

第8章 给排水工程三维图形绘制实例 ··· 190
 8.1 三维图形绘制技巧概述 ··· 190
 8.2 竖流式二沉池三维图形绘制 ·· 191
 8.3 二次曝气池三维图形绘制 ·· 194

参考文献 ·· 198

第1章 给排水工程设计概论

1.1 给排水工程设计

给排水科学与工程（Water Supply and Drainage）是工程领域中的一个分支，简称给排水。给排水科学与工程一般指的是城市用水供给系统、排水系统（市政给排水和建筑给排水），简称给排水。给排水工程研究的是水的一个社会循环的问题。"给水"是指现代化的自来水厂每天从江河湖泊中抽取自然水后，利用一系列物理和化学手段将水净化为符合生产、生活用水标准的自来水，然后通过四通八达的城市水网将自来水输送到千家万户。"排水"是指先进的污水处理厂把人们生产、生活使用过的污水、废水集中处理，然后排放到江河湖泊中去。这个取水、处理、输送、再处理然后排放的过程就是给排水工程要研究的主要内容。

给水工程是为居民和厂矿运输企业供应生活、生产用水的工程，以及供应消防用水、道路绿化用水等。它由给水水源、构筑物原水管道、给水处理厂和给水管网组成，具有取集和输送原水、改善水质的作用。给水水源有地表水、地下水、再生水。地表水主要指江河湖泊水库和海洋的水，水量充沛，它们是城市和工厂用水的主要水源，但水质易受环境污染；地下水水质洁净，水温稳定，是良好的饮用水水源；再生水是工业用水的重复使用或循环使用，先进国家的工业用水中 60%～80% 是再生水。取水构筑物有地表水取水、构筑物和地下水取水等。

排水工程是排除人类生活污水和生产中的各种废水、多余的地面水的工程，由排水管系或沟道污水处理厂和最终处理设施组成，通常还包括抽升设施，如排水泵站。

排水管系用于收集和输送废水。污水的管网有合流管系和分流管系，合流管系只有一个排水系统，雨水和污水用同一管道排输。分流管系有两个排水系统，雨水系统收集雨水和冷却水等污染程度很低、不经过处理直接排入水体的工业废水，其管道称雨水管道。污水系统收集生活污水及需要处理后才能排入水体的工业废水，其管道称污水管道。

污水处理厂包括沉淀池、沉砂池、曝气生物滤池、澄清池等设施及泵站化验室、污泥脱水机房、修理工厂等。废水处理的一般目标是去除悬浮物和改善耗氧性，有时还进行消毒和进一步处理。

最终处理设施视不同的排水对象设有水泵或其他提水机械，将经过处理厂处理满足规定的排放要求的废水排入水体或排放到土地上。

消防工程包括城市和建筑的消防系统工程内容，有消火栓系统自动喷水灭火系统、水喷雾系统、水幕灭火系统、消防水炮系统、雨淋系统等。

随着计算机应用技术的不断发展，特别是近年来计算机辅助设计（CAD）不断渗透到给排水工程设计领域，使我国在上述给排水工程设计方面有了较快的发展。当然，其在使用中尚存在一些特有的问题。

1.1.1 我国给排水工程设计的发展

20世纪80年代中期国内开展了计算机辅助设计和制造（CAD/CAM）工作。当时计算机硬件都采用工作站，由于它投资大，CAD的应用没能得到很好的普及，专业软件也不可能得到很好的开发。自90年代以来，微机的发展十分迅速，处理能力不断加强，价格不断降低，使CAD的普及应用成为现实，因而提供了一种功能强大的绘图和设计环境。同时，在设计内容上逐渐增加，从只能做常规室内给排水设计发展到能进行室内外给排水、热水供应、消防、雨水、泵站到集绘图和计算于一体的软件包。

给排水CAD的发展是随着建筑CAD的发展进行的，其专业软件的开发起步较晚。20世纪90年代初建筑给排水仅局限于利用CAD来绘制原理图，由于缺少完整的图库，只有在施工图设计中推广运用才能真正做到提高设计水平和出图率。由于建筑给排水专业对计算机辅助设计软件水平要求较高，在施工图中所绘制的透视图并不是仅通过视点的转换就能得到的，它有别于原始的三维图形。从1994年始，我国正式出现了商业性的给排水专用软件包，为建筑给排水计算机辅助设计应用提供了条件，从而开始了一个新时代。设计人员可以直接利用建筑工程提供的资料图绘制给排水平面图，然后生成所需的透视图，达到减轻设计人员的劳动强度并提高设计效率的目的，使他们有更多的时间用于设计方案的优化。

CAD专业软件包的开发和设计单位微机的大量配置，使各用户根据自身的特点建立一定量的图库和模块，正如20世纪60年代中期专业设计院刻制大量的图形和文字图章一样。计算机也加强了标准化，改进了设计质量，还广泛应用于图形的修改，减少了重复工作量，使设计人员摆脱了机械记忆和大量、单调的查资料工作。例如设计人员可随时从计算机中查到有关规范内容、资料数据和习惯做法等，做出决策，替代了很多烦琐的工作。

1.1.2 给排水工程CAD应用中存在的问题

随着CAD技术的不断发展，给排水CAD制图技术日益成熟，但主要是二维CAD技术应用相对较好。其专业CAD软件开发起步晚、资金少、起点低、技术差、软件汉化水平低等问题普遍存在，其中主要问题如下：

① 软件开发全面规划问题；
② 软件高、低版本的兼容性问题；
③ 给排水CAD软件二次开发的困难，且集成化、智能化问题较多；
④ 数据结构与专业计算功能问题，专业数据库建立与专业计算分析软件接口存在很多问题；
⑤ 价格问题，高档软件较贵，低档软件便宜但功能不全。

1.1.3 给排水工程CAD技术的发展前景

(1) 软件向系列化发展，专业性强

软件之间兼容性好，可相互转换或直接使用，在专业的内容上更加全面，除了可以生成透视图外还可生成剖面图、管道的纵断面等，形成真正的三维空间，全面地实现自动生成。此外，整个建筑给排水CAD软件将由多个子程序组成，也可以有相对独立的部分出现，功能齐全，形成系列化。

① 传统专业功能。增强和完善计算功能，包括各种水量、流量计算，给排水管线水力计算，水箱水池计算等。图块图库也在原来的基础上增加数量、提高质量、完善功能，以方便使用。

② 新增专业功能。如自动设计给排水管道避开、绕过或穿过梁柱等障碍物；自动规范

检查管道管径、坡度、埋深、间距；消防系统的消火栓与喷淋喷头自动布置和喷洒强度的自动确定；自动选择布置化粪池、检查井，并自动连接管线；自动选择泵，并做出基本无需改动的泵房设计图；自动为管道系统添加必要的部件、配件（如清扫口、泄水阀等）；自动对部分或全部给排水设计进行优化，使得给排水CAD在智能化方面上一个新台阶。

（2）完善计算，实现图形与数据的完整统一

开发出环状管网的计算以及多种系统的分析计算，可以做到图形完成后自动完成计算，对于复杂的给排水系统，可智能化地判别系统形式，迅速地进行水力计算，并提供选择的设备，从而摒弃烦琐的数据手册。此外，它还具备完善的图形库和数据信息库，可以查询、调用。

其用户界面友好、宜人化。用户界面是软件的"脸面"，直接反映软件开发的水平，按照最新的判别标准，软件必须要有相应的便于用户操作的界面，因此给排水软件用户界面的发展方向是形成直观、形象、美观、贴近AutoCAD与Windows风格，并应该是适应软件潮流的友好、实用的用户界面，还提供了方便的鼠标操作和随心所欲的联机帮助。

（3）向优化设计发展，形成专家系统

扩充利用专家系统咨询、确定选择系统和设计原则，及时产生合理的设计方案。由于计算速度的加快和存储容量的增加，采用优化设计理论（如数学规划方法或准则法）迅速寻求满足规范和其他经济技术要求，而且应是工程费或换算运营费之和最小的设计。在施工图设计中可提出管道的最佳走向和设备的最佳布置等，进行自动分析。

（4）各种相关设备软件间的相互协调

目前常困扰建筑设备工种的是相互管道碰撞问题，它通过自动检测给排水管道与暖通风管、电气桥架、结构梁之间的交叉做好工种间的配合，此外还能为土建工程自动预留孔洞图。

（5）加强计算机联网，让软件资源共享

把所有的计算机组成局部网络，最后挂到整个高速的网络系统中，它可使每台计算机在任何环境里与任何一台计算机进行"交谈"，做到资源共享，这样还有利于检索查询和避免软盘之间病毒的感染。

系统软/硬件配套，开发专业软件应当充分利用软件技术发展的最新成果，使专业软件的水平上一个台阶。这主要包括3个方面，即系统软件、图形支持软件和汉字系统。硬件资源开发为软件开发提供了更广阔的活动空间，应该利用新一代的高档微机与网络服务器，双屏幕和大尺寸、高分辨率显示器，大容量的内存和硬盘，各类输入设备（如CD-ROM）、扫描仪和输出设备（如喷墨、激光绘图仪、打印机等），以适应硬件的发展。

（6）针对专业特点，运用多屏显示

这一点有别于目前同步或多屏幕显示，而是根据建筑给排水有透视图的特殊要求将平面图与透视图或剖面图分别在多个屏幕中同步显示，以充分利用屏幕直观地进行图形设计。

总之，计算机的发展将带动给排水CAD进一步提高工作效率，以使工程设计做到在满足现行规范的前提下，根据实际经验、施工条件和工程的特点等，把给排水设计得更加合理，充分满足实际要求，达到安全可靠、经济适用的目的。

1.2 土木工程施工图设计

土木工程施工图设计主要包括建筑施工图和结构施工图设计。

施工图是施工图阶段完成的图纸，主要用途是指导施工，并作为竣工验收的依据。建筑

施工图是表述建筑物功能房间布置、平面及竖向交通组织、外观造型、内外装修等；结构施工图是表述建筑物中结构构件的布置、构件材料的选用、构件选型及构件做法等。在施工图设计阶段，建筑施工图和结构施工图同属施工图范畴。结构施工图与建筑施工图的区别主要在于两者表达的内容、表达的角度各有侧重，是有机整体，缺一不可。

1.2.1 建筑施工图设计

1.2.1.1 建筑施工图设计的内容及设计要求

建筑施工图简称"建施"。一个工程的建筑施工图要按内容的主次关系依次编排成册，通常以建筑施工图的简称加图纸的顺序号作为建筑施工图的图号，如建施-1、建施-2……（不同地区、不同设计单位的叫法不尽相同）。一套完整的建筑施工图包括以下主要内容。

① 图纸首页：它包括图纸目录、设计说明、经济技术指标以及选用的标准图集列表等。
② 建筑总平面图：它反映建筑物的规划位置、用地环境。
③ 建筑平面图：它反映建筑物某层的平面形状、布局。
④ 建筑立面图：它反映建筑物的外部形状。
⑤ 建筑剖面图：它反映建筑物内部的竖向布置。
⑥ 建筑详图：它反映建筑局部的工程做法。

建筑施工图设计主要有下列要求。

① 建筑施工图设计应当以初步设计方案为基础，以扩充设计方案为依据，保持原方案建筑风格。
② 在建筑装修标准和建筑构造处理上除满足行业规范外，还应满足建设单位对材料供应、施工技术、设备选型、工程造价等技术与经济指标的要求。
③ 建筑施工图设计文件的编制和深度要求：遵守中华人民共和国住房和城乡建设部颁发的《建筑工程设计文件编制深度规定》（2008年版）及《民用建筑工程建筑施工图设计深度图样》。

1.2.1.2 建筑施工图的作用

建筑设计方案一旦被批准，即可进入建筑施工图设计阶段，其设计质量的好坏将直接关系到建设单位的投资效益、建筑空间使用的舒适性、管理的方便与安全、建筑环境的优劣、建筑物使用寿命的长短等。因此，建筑施工图设计对于建造一个好的建筑空间环境有着重要的作用。

(1) 完善建筑方案设计

建筑设计就其设计程序而言划分成若干阶段，各个阶段的设计任务、目标以及设计手段和方法均有所不同。其中，方案设计是整个建筑设计链中的第一环，它所关注的问题是依据设计条件寻找一个最佳的构思方案。其特点是抓大放小，着重解决方案性问题，而不必拘泥于对细部的考虑。但建筑设计的最终目的是要获得一项优秀的工程，这就不能不考虑方案如何能成为现实，这就需要把方案设计阶段未曾考虑的细枝末节按照使用要求、艺术要求逐一解决。

一般来说，建筑设计方案进入施工图设计阶段后，建筑师所要做的设计和深化完善工作包括以下3个方面。

① 调整平面关系。在施工图设计阶段就要在设计方案的基础上，建筑师不但要推敲一个个房间与左邻右舍的功能关系，而且要弥补设计方案中可能遗漏的使用房间。其次，要对每一个房间的结构进行仔细推敲，这种推敲有可能影响到设计方案原来的布局，有可能寻找到一个更优秀的方案。更多的时候是对建筑设计方案各个房间的补缺、完善、责任工作，从

而为施工图设计奠定基础。

② 推敲形式构成

a. 方案设计中对形式考虑的许多情况是通过立面图来表达的,而且往往仅关注大的形式效果,即使有一些关于建筑形式表达的效果图,也不是作为设计研究的手段。这就带来极大的片面效果,甚至误导。

b. 方案立面图上每一根线条是不是都要做出来,或者都能做出来？不尽然。正如平面关系在方案设计中是"抓大放小",同样,立面形式在方案设计中也是注重总体把握,不可能推敲到每一个细部。

c. 整合室内设计要素。建筑师在方案设计时很少有时间和精力去关注建成后的室内效果,这是可以理解的。但是,施工图设计就不一样了,它考虑的问题要比方案设计细致和深入得多,比如家具布置与卫生洁具布置等许多细节问题应该在施工图设计阶段尽量解决。只有通过建筑师在施工图设计中的精心推敲,才可以把设计做得更深入细致。

(2) 协调各专业之间的设计矛盾

任何一个建筑设计都需要其他专业的设计与之相配合,才能使施工图设计成为完整意义上的设计。尽管一般建筑的技术设计并不复杂,但是,这种协调达到何种默契程度将直接关系到工程施工进展是否顺利以及竣工后使用是否满意。因此,在施工图设计阶段各专业密切配合是至关重要的。

在方案设计阶段,建筑师往往只关注建筑设计,对于结构专业也只能从造型上提出方案,对于给排水专业最多也只能做到卫生间上下层尽可能对齐,而对于电气专业几乎考虑不到。这并不奇怪。因为,不能要求建筑师将设计程序后一阶段的任务提前进行仔细认真的研究。毕竟方案设计阶段的主要矛盾是方案性问题,只要不出现明显技术性错误,方案总可以在施工图设计阶段加以完善的。事实上,施工图设计阶段的再创作对于方案的完善是相当重要的。

当结构工程师认为方案有结构缺点时,建筑师应认真听取,在不影响使用和美观的情况下,要为结构设计的合理性和经济性考虑,尽可能使方案完善合理。电气设计、给排水设计有时也会对建筑施工图设计提出要求,也会影响建筑施工图设计。

总之,施工图设计是各工种之间互动的过程,在这个过程中建筑师娴熟的施工图设计能力对于抉择方案是相当重要的。

(3) 为施工准备齐全的设计文件

施工图纸是作为施工的必要设计文件。有了施工图纸,施工单位才能编制施工预算、安排施工进度、备料进场；才能依据施工图纸放线挖槽；才能按施工程序逐项完成主体结构、水电安装、内外装修,直至室外工程等。施工过程中的每一步骤无一不是在施工图纸的规定下完成的,任何违背施工图设计的施工作业轻则使建筑设计方案被篡改,甚至面目全非；重则造成返工而使施工单位遭受经济损失和延误工期,最终导致建设方利益受损,当出现严重后果时,甚至要承担法律责任。因此,施工图纸应视为法律文件,是一项工程实施的准则。

一个建筑项目质量的好坏很大程度上取决于施工图纸的设计质量。当然,施工图纸不可能绝对地解决一切施工中的问题,总会出现一些小错误或者遗漏问题,这些问题在施工中迟早会暴露出来。一旦施工过程中发现图纸的问题,建筑师应立即赴现场进行处理。因此,施工图设计并不是交付了图纸就算完成任务,实际上它要贯穿整个建造过程。总之,施工图纸达到何种深度直接关系到整个施工过程的开展和最终工程质量的好坏。

1.2.1.3 建筑施工图设计的原则

(1) 坚持设计规范的原则

设计规范是建筑设计的准则,每一类建筑设计都有其特殊的设计要求,这在建筑设计规范中都有明确规定,特别是与施工图设计有关的"防火与疏散"、"建筑构造"等章节对各个细部处理都做了明确规定,这些都是必须严格执行的,不能因为主观的原因而违背规范原则。针对不同地区的气候条件和文化背景,各省市还制订了一些地方法令和法规,如层高的限制、屋顶的形式、色彩的选择等规定,同样要认真执行。

(2) 再创作的原则

建筑施工图设计不是将设计方案机械地变成施工图纸,在这个过程中仍然有再创作的问题,包括完善平面设计和完善空间形式。

(3) 为使用者服务的原则

建筑设计是一种创作行为,其目的是为人服务和以人为本的。因此,人性化的设计是对使用者的最好尊重,建筑师的设计作品应考虑不同的使用对象,根据人体工程学原理和环境心理学原理来设计细部构造和确定细部尺寸。

(4) 为施工着想的原则

建筑师的设计作品总希望能不走样地成为现实,这需要两个条件,一是精心设计,二是精心施工,而且两者要密切配合。

1.2.1.4 建筑施工图设计的程序

建筑施工图设计在程序上具有两个特点。一是建筑专业的平、立、剖面、详图等施工图设计是互动进行的。尽管首先是进行平面的施工图设计,但其全部完成设计内容还有待各节点详图确定之后,将相关内容与尺寸返回到各层平面图中。而各节点详图的设计必须在平、立、剖面的技术设计基础上进行。二是建筑、结构、给排水、电气各专业的施工图设计是交叉进行的,互相提条件,逐步达到对解决设计问题的共识。

(1) 向各专业提供设计条件图

在建筑施工图绘制之前,建筑设计方案必须要得到结构、给排水、电气各专业的认可。达到《民用建筑工程设计互提资料深度图样(建筑专业)》的规定。

(2) 要尽快为结构专业提供主要的详图

建筑师就要提供结构专业所需的建筑图纸。这些图纸包括5种,即楼梯施工详图、卫生间施工详图、外墙节点施工详图、内墙节点施工详图、屋顶建筑小品节点详图。

(3) 完成建筑施工图

在为各专业提供建筑条件图的同时,实际上也是在深化建筑施工图设计的过程,一些重要节点详图基本已给出,此后,建筑师的主要精力是放在建筑施工图的内容充实和完善上。

(4) 核对结构、给排水、电气施工图纸

当各专业施工图纸全部完成后,作为建筑师要全面审查各专业施工图纸的设计质量,核对相互间设计是否匹配,尺寸标注是否有误。

(5) 施工图设计审批

设计单位完成施工图设计文件后,应由建设单位报送县级以上人民政府建设行政主管部门审批。一般县级以上人民政府建设行政主管部门委托具有审图资质的审图机构对设计单位完成的施工图文件进行审查,经审查合格并通过的施工图方可用于施工建设。

1.2.2 结构施工图设计

结构施工图是关于承重构件的布置、使用的材料、形状、大小及内部构造的工程图样,是承重构件以及其他受力构件施工的依据。其包含结构总说明、基础布置图、承台配筋图、地梁布置图、各层柱布置图、各层柱配筋图、各层梁配筋图、屋面梁配筋图、楼梯屋面梁配筋图、各层板配筋图、屋面板配筋图、楼梯大样、节点大样。

(1) 结构总说明

① 工程概况。工程地点、工程分区、主要功能；各单体（或分区）建筑的长、宽、高，地上与地下层数，各层层高，主要结构跨度，特殊结构及造型，工业厂房的吊车吨位等。

② 设计依据。主体结构设计使用年限；自然条件，如基本风压、基本雪压、气温（必要时提供）、抗震设防烈度等；工程地质勘察报告；场地地震安全性评价报告（必要时提供）；风洞试验报告（必要时提供）；建设单位提出的与结构有关的符合有关标准、法规的书面要求；初步设计的审查、批复文件；对于超限高层建筑，应有超限高层建筑工程抗震设防专项审查意见；采用桩基础时，应有试桩报告或深层半板载荷试验报告、基岩载荷板试验报告（若试桩或试验尚未完成，应注明桩基础图不得用于实际施工）；本专业设计所执行的主要法规和所采用的主要标准（包括标准的名称、编号、年号和版本号）。

③ 图纸说明。图纸中标高、尺寸的单位；设计±0.000 标高所对应的绝对标高值；当图纸按工程分区编号时应有图纸编号说明；常用构件代码及构件编号说明；各类钢筋代码说明，型钢代码及截面尺寸标记说明；混凝土结构采用平面整体表示方法时应注明所采用的标准图名称及编号或提供标准图。

④ 建筑分类等级。建筑结构安全等级；地基基础设计等级；建筑抗震设防类别；钢筋混凝土结构抗震等级；地下室防水等级；人防地下室的设计类别、防常规武器抗力级别和防核武器抗力级别；建筑防火分类等级和耐火等级；混凝土构件的环境类别。

⑤ 主要荷载（作用）取值。楼（屋）面面层荷载、吊挂（含吊顶）荷载；墙体荷载、特殊设备荷载；楼（屋）面活荷载；风荷载（包括地面粗糙度、体型系数、风振系数等）；雪荷载（包括积雪分布系数等）；地震作用（包括设计基本地震加速度、设计地震分组、场地类别、场地特征周期、结构阻尼比、地震影响系数等）；温度作用及地下室水浮力的有关设计参数。

⑥ 设计计算程序。结构整体计算及其他计算所采用的程序名称、版本号、编制单位；结构分析所采用的计算模型、高层建筑整体计算的嵌固部位等。

⑦ 主要结构材料。混凝土强度等级、防水混凝土的抗渗等级、轻骨料混凝土的密度等级；注明混凝土耐久性的基本要求；砌体的种类及其强度等级、干容重，砌筑砂浆的种类及等级，砌体结构施工质量控制等级；钢筋种类、钢绞线或高强钢丝种类及对应的产品标准，其他特殊要求（如强屈比等）；成品拉索、预应力结构的锚具；成品支座（如各类橡胶支座、钢支座、隔震支座等）、阻尼器等特殊产品的参考型号、主要参数及所对应的产品标准；钢结构所用的材料。

⑧ 基础及地下室工程。工程地质及水文地质概况，各主要土层的压缩模量及承载力特征值等；对不良地基的处理措施及技术要求，抗液化措施及要求，地基土的冰凉深度等；注明基础形式和基础持力层；采用桩基时应简述桩型、桩径、桩长、桩端持力层及桩端进入持力层的深度要求，设计所采用的单桩承载力特征值（必要时尚应包括竖向抗拔承载力和水平承载力）等；地下室抗浮（防水）设计水位及抗浮措施，施工期间的降水要求及终止降水的条件等；基坑、承台坑回填要求；基础大体积混凝土的施工要求；当有人防地下室时，应图示人防部分与非人防部分的分界范围。

⑨ 钢筋混凝土工程。各类混凝土构件的环境类别及其受力钢筋的保护层最小厚度；钢筋锚固长度、搭接长度、连接方式及要求；各类构件的钢筋锚固要求；顶应力构件采用后张法时的孔道做法及布置要求、灌浆要求等；预应力构件张拉端、固定端构造要求及做法，锚具防护要求等；预心力结构的张拉控制应力、张拉顺序、张拉条件（如张拉时的混凝土强度等）、必要的张拉测试要求等；梁、板的起拱要求及拆模条件；后浇带或后浇块的施工要求

（包括补浇时间要求）；特殊构件施工缝的位置及尺寸要求；预留孔洞的统一要求（如补强加固要求），各类预埋件的统一要求；防雷接地要求。

⑩ 砌体工程。砌体墙的材料种类、厚度，填充墙成墙后的墙重限制；砌体填充墙与框架梁、柱、剪力墙的连接要求或注明所引用的标准图；砌体墙上门窗洞口过梁要求或注明所引用的标准图；需要设置的构造柱，圈梁（拉梁）要求及附图或注明所引用的标准图。

⑪ 检测（观测）要求。沉降观测要求；大跨度结构及特殊结构的检测或施工安装期间的监测要求；高层、超高层结构根据情况补充日照变形观测等特殊变形观测要求。

(2) 基础平面图

① 绘出定位轴线、基础构件（包括承台、基础梁等）的位置、尺寸、底标高、构件编号；基础底标高不同时应绘出放坡示意图；表示施工后浇带的位置及宽度。

② 标明砌体结构墙与墙垛、柱的位置与尺寸、编号；混凝土结构可另绘结构墙、柱平面定位图，并注明截面变化关系尺寸。

③ 标明地沟、地坑和已定设备基础的平面位置、尺寸、标高，预留孔与预埋件的位置、尺寸、标高。

④ 需进行沉降观测时注明观测点位置（宜附测点构造详图）。

⑤ 基础设计说明应包括基础持力层及基础进入持力层的深度、地基的承载力特征值、持力层检测要求、基底及基槽回填土的处理措施与要求，以及对施工的有关要求等。

⑥ 采用桩基时应绘出桩位平面位置、定位尺寸及桩编号；先做试桩时应单独绘制试桩定位平面图。

⑦ 当采用人工复合地基时应绘出复合地基的处理范围和深度，置换桩的平面布置及其材料和性能要求、构造详图；注明复合地基的承载力特征值及变形控制值等有关参数和检测要求。

当复合地基另由有设计资质的单位设计时，基础设计方应对经处理的地基提出承载力特征值和变形控制值的要求及相应的检测要求。

(3) 基础详图

① 砌体结构无筋扩展基础应绘出剖面、基础圈梁、防潮层位置，并标注总尺寸、分尺寸、标高及定位尺寸。

② 扩展基础应绘出平、剖面及配筋、基础垫层，标注总尺寸、分尺寸、标高及定位尺寸等。

③ 桩鞋应绘出桩详图、承台详图及桩与承台的连接构造详图。桩详图包括桩顶标高、桩长、桩身截面尺寸、配筋，预制桩的接头详图，并说明地质概况、桩持力层及桩端进入持力层的深度、成桩的施工要求、桩基的检测要求，注明单桩的承载力特征值（必要时尚应包括竖向抗拔承载力及水平承载力）。当先做试桩时，应单独绘制试桩详图并提出试桩要求。承台详图包括平面、剖面、垫层、配筋，标注总尺寸、分尺寸、标高及定位尺寸。

④ 筏基、箱基可参照现浇楼面梁、板详图的方法表示，但应绘出堆重墙、柱的位置。当要求设后浇带时应表示其平面位置并绘制构造详图。对于箱基和地下室基础，应绘出钢筋混凝土墙的平面、剖面及其配筋。当预留孔洞、预埋件较多或复杂时，可另绘墙的模板图。

(4) 结构平面图

① 一般建筑。一般建筑的结构平面图均应有各层结构平面图及屋面结构平面图，具体内容如下。

a. 绘出定位轴线及梁、柱、承重墙、抗震构造柱位置及必要的定位尺寸，并注明其编号和楼面结构标高。

b. 采用预制板时注明预制板的跨度方向、板号、数量及板底标高，标出预留洞大小及位置；预制梁、洞口过梁的位置和型号、梁底标高。

c. 现浇板应注明板厚、板面标高、配筋（也可另绘放大的配筋图，必要时应将现浇楼面模板图和配筋图分别绘制），标高或板厚变化处绘局部剖面，有预留孔、埋件、已定设备基础时应示出规格与位置，洞边加强措施，当预留孔、埋件、设备基础复杂时也可另绘详图；必要时尚应在平面图中表示施工后浇带的位置及宽度；电梯间机房应表示吊钩平面位置与详图。

d. 砌体结构有圈梁时应注明位置、编号、标高，可用小比例绘制单线平面示意图。

e. 楼梯间可绘斜线注明编号与所在详图号。

f. 屋面结构平面布置图内容与楼层平面类同，当结构找坡时应标注屋面板的坡度、坡向、坡向起终点处的板面标高；当屋面上有预留洞或其他设施时应绘出其位置、尺寸与详图，女儿墙或女儿墙构造柱的位置、编号及详图。

g. 当选用标准图中的节点或另绘节点构造详图时，应在平面图中注明详图索引号。

② 单层空旷房屋。单层空旷房屋应绘制构件布置图及屋面结构布置图，应有以下内容。

a. 构件布置应表示定位轴线，墙、柱、天桥、过梁、门楣、雨篷、柱间支撑、连系梁等的布置、编号、构件标高及详图索引号，并加注有关说明等，必要时应绘制剖面、立面结构布置图。

b. 屋面结构布置图应表示定位轴线、屋面结构构件的位置及编号、支撑系统布置及编号、预留孔洞的位置及尺寸、节点详图索引号、有关的说明等。

（5）钢筋混凝土构件详图

① 现浇构件。现浇构件（现浇梁、板、柱及墙等详图）应绘出以下内容。

a. 纵剖面、长度、定位尺寸、标高及配筋，梁和板的支座（可利用标准图中的纵剖面图）；现浇预应力混凝土构件尚应绘出预应力筋定位图，并提出锚固及张拉要求。

b. 横剖面、定位尺寸、断面尺寸、配筋（可利用标准图中的横剖面图）。

c. 必要时绘制墙体立面图。

d. 若钢筋较复杂不易表示清楚，宜将钢筋分离绘出。

e. 对构件受力有影响的预留洞、预埋件应注明其位置、尺寸、标高、洞边配筋及预埋件编号等。

f. 曲梁或平面折线梁宜绘制放大平面图，必要时可绘展开详图。

g. 一般的现浇结构的梁、柱、墙可采用"平面整体表示法"绘制，标注文字较密时，纵、横向梁宜分两幅平面绘制。

h. 除总说明已叙述外需特别说明的附加内容，尤其是与所用标准图不同的要求（如钢筋锚固要求、构造要求等）。

i. 对建筑非结构构件及建筑附属机电设备与结构主体的连接应绘制连接或锚固详图。

② 预制构件。预制构件应绘出以下内容。

a. 构件模板图：应表示模板尺寸、预留洞及预埋件位置、尺寸，预埋件编号、必要的标高等；后张预应力构件尚需表示预留孔道的定位尺寸、张拉端、锚固端等。

b. 构件配筋图：纵剖面表示钢筋形式、箍筋直径与间距，配筋复杂时宜将非预应力筋分离绘出；横剖面注明断面尺寸、钢筋规格、位置、数量等。

（6）混凝土结构节点构造详图

① 对于现浇钢筋混凝土结构应绘制节点构造详图（可引用标准设计、通用图集中的详图）。

② 预制装配式结构的节点、梁、柱与墙体锚拉等详图应绘出平、剖面，注明相互定位

关系、构件代号、连接材料，附加钢筋（或埋件）的规格、型号、性能、数量，并注明连接方法以及对施工安装、后浇混凝土的有关要求等。

(7) 其他图纸

① 楼梯图。应绘出每层楼梯结构平面布置及剖面图，注明尺寸，构件代号、标高、梯梁、梯板详图（可用列表法绘制）。

② 预埋件。应绘出其平面、侧面或剖面，注明尺寸，钢材和锚筋的规格、型号、性能、焊接要求。

③ 特种结构和构筑物。如水池、水箱、烟囱、烟道、管架、地沟、挡土墙、筒仓、大型或特殊要求的设备基础、工作平台等，均宜单独绘图；应绘出平面、特征部位剖面及配筋，注明定位关系、尺寸、标高、材料品种和规格、型号、性能。

1.3 土木工程CAD制图标准

图样是现代化建筑生产中的重要技术文件之一，它被喻为"工程界的语言"，用来指导生产建设和技术交流。本部分主要介绍《技术制图图纸幅面和格式》（GB/T 14689—1993）、《技术制图 比例》（GB/T 14690—1993）、《技术制图 字体》（GB/T 14691—1993）和《房屋建筑制图统一标准》（GB/T 50001—2010）中的部分内容。

1.3.1 图纸幅面和格式

(1) 图纸幅面

图纸幅面指的是图纸宽度与长度组成的图面。图纸上限定绘图区域的线框称为图框，图框线用粗实线绘制。在绘制图样时，图纸幅面及图框尺寸应符合表1-1的规定，必要时允许选用规定的加长幅面，图纸的短边一般不应加长，长边可加长，但应符合表1-2的规定。

表1-1 图纸幅面及图框尺寸   单位：mm

尺寸代号 \ 幅面代号	A0	A1	A2	A3	A4
b×l	841×1189	594×841	420×594	297×420	210×297
c	10			5	
a	25				

表1-2 图纸长边加长尺寸   单位：mm

图幅尺寸	长边尺寸	长边加长后的尺寸
A0	1189	1486 1635 1783 1932 2080 2230 2378
A1	841	1051 1261 1471 1682 1892 2102
A2	594	743 891 1041 1189 1338 1486 1635 1783 1932 2080
A3	420	630 841 1051 1261 1471 1682 1892

注：有特殊需要的图纸可采用b×l为841mm×891m与1189mm×1261mm的幅面。

图纸通常有两种形式，即横式和立式。图纸以短边作为垂直边称为横式；以短边作为水平边称为立式，如图1-1所示。需要缩微复制的图样可采用对中标志，对中标志应画在图纸各边长的中点处，线宽应为0.35mm，应伸入框内，在框外为5mm。

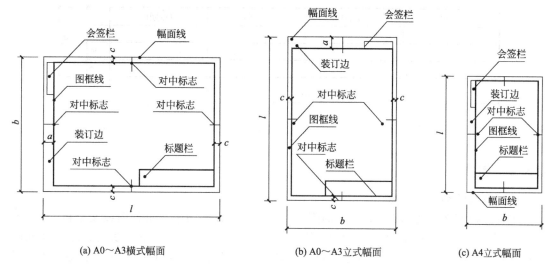

图 1-1 图纸的形式和幅面代号的意义

（2）标题栏与会签栏

不论图纸是横式还是立式，在图纸的下方或右方都应画出标题栏。标题栏是由名称及代号区、签字区、更改区和其他区组成的栏目，是图样不可缺少的内容。标题栏应按图 1-2 所示根据工程需要选择确定其尺寸、格式及分区。涉外工程的图标应在内容下方附加译文，设计单位的上方或左方名称应加 "中华人民共和国" 的字样。但在学生制图作业中，标题栏的格式建议采用图 1-3 所示的形式。标题栏的外框线 A0、A1 幅面用中线，A2-A4 幅面用中粗线，右边和底边与图框线重合。填写的字体除图名、校名用 10 号字外其余用 5 号字。

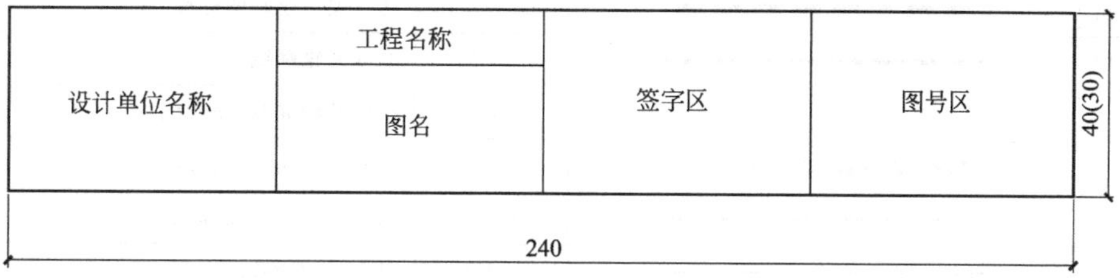

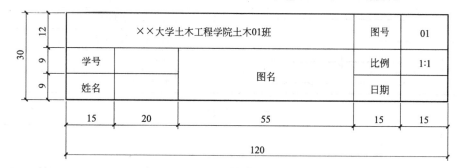

图 1-2 标题栏

	××大学土木工程学院土木01班		图号	01
学号		图名	比例	1:1
姓名			日期	

图 1-3 标题栏格式的建议形式

会签栏是各工种负责人签字签署专业、姓名、日期用的表格，会签栏画在图纸左侧上方的图框线外，如图 1-4 所示。

图纸标题栏与会签栏的具体格式和内容没有统一规定，用户可根据需要自行拟订，不需会签的图样可不设会签栏。

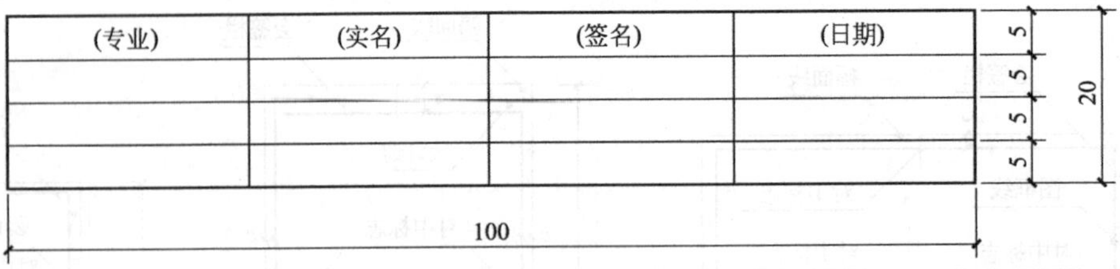

图 1-4 会签栏

1.3.2 图线

(1) 图线的种类和用途

工程建设制图应选用表 1-3 所示的图线。在工程建设制图中，每种图线又分粗、中、细 3 种不同的线宽，图线的宽度 b 宜从 1.4mm、1.0mm、0.7mm、0.5mm、0.35mm、0.25mm、0.18mm、0.13mm 线宽系列中选取。图线宽度不应小于 0.1mm。图线的种类有实线、虚线、单点长画线、双点长画线、折断线、波浪线等。每个图样应根据复杂程度与比例大小选定基本线宽 6mm，再选用表 1-4 中相应的线宽组。

表 1-3 图线的种类及用途

名称		线型	线宽	一般用途
实线	粗		b	主要可见轮廓线
	中		$0.5b$	可见轮廓线
	细		$0.25b$	可见轮廓线、图例线等
虚线	粗		b	见有关专业制图标准
	中		$0.5b$	不可见轮廓线
	细		$0.25b$	不可见轮廓线、图例线等
单点长画线	粗		b	见有关专业制图标准
	中		$0.5b$	见有关专业制图标准
	细		$0.25b$	中心线、对称线等
双点长画线	粗		b	见有关专业制图标准
	中		$0.5b$	见有关专业制图标准
	细		$0.25b$	假想轮廓线、成型前原始轮廓线
折断线			$0.25b$	断开界线
波浪线			$0.25b$	断开界线

表 1-4 线宽组   单位：mm

线宽比	线宽组			
b	1.4	1.0	0.7	0.5
$0.7b$	1.0	0.7	0.5	0.35
$0.5b$	0.7	0.5	0.35	0.25
$0.25b$	0.35	0.25	0.18	0.13

注：1. 需要微缩的图纸不宜采用 0.18mm 及更细的线宽。
　　2. 同一张图之内各不同线宽中的细线可统一采用较细的线宽组的细线。

(2) 图线的画法及注意事项

① 同一张图纸内相同比例的各图样应选用相同的线宽组。

② 相互平行的图例线,其净间隙或线中间隙不宜小于 0.2mm。

③ 虚线、单点长画线或双点长画线的线段长度和间隔,宜各自相等。

④ 在较小的图形上绘制单点长画线或双点长画线有困难时可用细实线代替,如图 1-5(a) 和图 1-5(b) 所示。

⑤ 单点长画线或双点长画线的两端不应是点,单点长画线或双点长画线和其他图线交接或它们自身交接时应是线段交接。

⑥ 虚线与虚线交接或虚线与其他图线交接时应是线段交接,虚线为实线的延长线时不得与实线连接,如图 1-5(c) 所示。

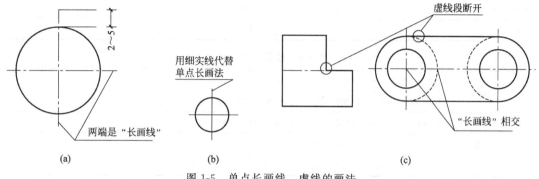

图 1-5　单点长画线、虚线的画法

⑦ 图线不得与文字、数字或符号重叠,混淆。当不可避免时,应首先保证文字、数字或符号的清晰。

⑧ 成图后各种图线的浓淡要一致,不要误以为细线就是轻轻地画,细和轻是不同的概念。

1.3.3　字体

字体指的是图纸的汉字、数字、字母和符号的书写形式。

(1) 汉字

图样上的汉字应写成长仿宋体,并采用国家推行的《汉字简化方案》规定的简化字。长仿宋体的字高与字宽的比例大约为 1:0.7。长仿宋体书写要领是横平竖直、起落有锋、结构匀称、填满方格。

国家标准规定工程图中的字体应做到笔画清晰、字体端正、排列整齐;标点符号应清楚、正确;字体高度(用 h 表示)应从 3.5mm、5mm、7mm、10mm、14mm、20mm 中选用。

(2) 拉丁字母和数字

拉丁字母和数字(包括阿拉伯数字和罗马数字及少数希腊字母)有一般字体和窄字体两种,其又有直体字和斜体字之分。在同一张图样上只允许选用一种形式的字体,注意全图统一。

在工程图中,所有涉及数量的数字均应用阿拉伯数字表示,计量单位符合国标有关规定,拉丁字母、阿拉伯数字与罗马数字要与汉字同行书写,其字高应比汉字小一号,并宜采用直体字,拉丁字母、阿拉伯数字或罗马数字的字高应不小于 2.5mm。拉丁字母、阿拉伯数字与罗马数字的书写规则见表 1-5。

1.3.4　比例

图样的比例应为图形与其实物相应要素的线性尺寸之比。在绘制图样时应优先选用

表 1-6 中规定的比例,比例必须采用阿拉伯数字表示,如"1:50"或"1:100"等。比例宜注写在图名的右侧,字的基准线应取平;比例的字高宜比图名的字高小一号或二号。

表 1-5 拉丁字母、阿拉伯数字与罗马数字的书写规则

书写格式	一般字体	窄字体
大写字母高度	h	h
小写字母高度(上下均无延伸)	$7/10h$	$10/14h$
小写字母伸出的头部或尾部	$3/10h$	$4/14h$
笔画宽度	$1/10h$	$1/14h$
字母间距	$2/10h$	$2/14h$
上下行基准最小间距	$15/10h$	$21/14h$
字间距	$6/10h$	$6/14h$

表 1-6 绘图所用比例

常用比例	1:1　1:2　1:5　1:10　1:20　1:50 1:100　1:150　1:200　1:500　1:1000　1:2000
可用比例	1:3　1:4　1:6　1:15　1:30　1:40　1:60　1:80 1:250　1:300　1:400　1:600 1:5000　1:10000　1:20000　1:50000　1:100000　1:200000

1.3.5 尺寸标注

图形只能表示物体的形状,其大小及各组成部分的相对位置是通过尺寸标注来确定的。图样上的尺寸包括尺寸界限、尺寸线、尺寸起止符号和尺寸数字。

(1) 尺寸界线

尺寸界线用细实线绘制,与被标注长度垂直,其一端应离开图样轮廓线不小于 2mm,另一端应超出尺寸线 2~3mm,必要时图样轮廓线、中心线及轴线可作为尺寸界限。

(2) 尺寸线

尺寸线用细实线绘制,应与被注长度平行,与尺寸界线垂直相交。

尺寸线不宜超出尺寸界线外,尺寸界线一般超过尺寸线 2~3mm。小尺寸离轮廓线较近,大尺寸离轮廓线较远。图样轮廓以外的尺寸线距图样最外轮廓线的距离不宜小于 10mm,平行排列的尺寸线间距为 7~10mm。图样本身的任何图线均不得用作尺寸线。

(3) 尺寸起止符号

尺寸起止符号一般用中粗短线绘制,并画在尺寸线与尺寸界线相接处。其倾斜方向应与尺寸界线成顺时针 45°,长度宜为 2~3mm。半径、直径、角度与弧长的尺寸起止符号宜用箭头表示。

当在标注圆或大于半圆的圆弧时,尺寸线通过圆心,以圆周为尺寸界线,尺寸起止符号采用箭头形式,尺寸数字前加注直径符号

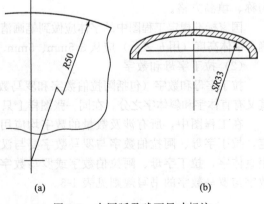

图 1-6 大圆弧及球面尺寸标注

"Φ"；当标注小于或等于半圆的圆弧时，尺寸线自圆心引向圆弧，其尺寸线终端只画一个箭头，在数字前加注半径符号"R"。当圆弧半径过大或在图纸范围内无法标出其圆心位置时，按图 1-6(a) 标注；若圆心位置不需注明，按图 1-6(b) 标注。

（4）尺寸数字

尺寸数字必须用阿拉伯数字书写，字高一般是 3.5mm。图样上的尺寸以尺寸数字为准，与绘图时所用的比例和绘图的准确程度无关。尺寸数字一般写在尺寸线的中部上方 1mm 位置处，如果没有足够的注写位置，最外边的尺寸数字可写在尺寸界线的外侧，中间相邻的尺寸数字可错开注写，也可引出注写，如图 1-7 所示。尺寸数字的方向应按图 1-8(a) 所示的规定注写。若尺寸数字在 30°斜线区内，按图 1-8(b) 所示的形式注写。图样上的尺寸单位除标高在总平面图中以米为单位外，其他以毫米为单位。尺寸均应标注在图样轮廓以外，任何图线不得穿过尺寸数字，不宜与图线、文字及符号等相交，当不可避免时应将通过尺寸数字的图线断开。在同一张图纸上，尺寸数字大小应相同。

角度数字一律按水平方向注在尺寸线中断处，必要时可写在尺寸线的上方或外边，也可引出标注，如图 1-9 所示。

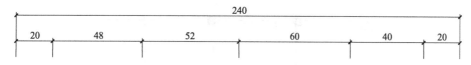

图 1-7　尺寸数字注写的位置

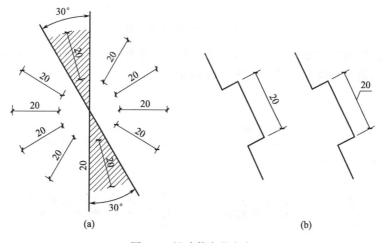

图 1-8　尺寸数字的方向

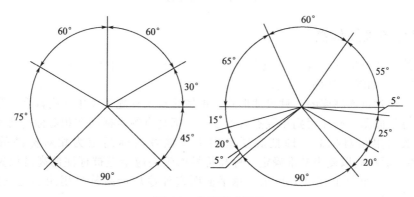

图 1-9　角度尺寸标注

1.3.6 定位轴线及编号

定位轴线用细单点长画线绘制,并予以编号。轴线的端部画细实线圆圈(直径为8~10mm)。平面图上定位轴线的编号标注在图样的下方与左侧,横向编号用阿拉伯数字由左向右依次注写,竖向编号用大写拉丁字母A、B、C等(I、O、Z除外)从下至上顺序注写,如图1-10所示。

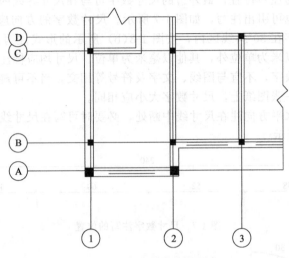

图1-10 定位轴线编号顺序

当两轴线之间有附加轴线并需要编号时,编号用分数表示,分母表示附加轴线前轴线的编号,分子表示附加轴线的编号,如图1-11所示。

图1-11 附加轴线

1.3.7 尺寸单位及标高

图样上的尺寸单位除标高及建筑总平面图上规定用m(米)为单位外,其余均以mm(毫米)为单位,如图1-12(a)所示。

标高是标注建筑物高度的一种尺寸形式。单体建筑工程施工图中标高数字注写到小数点后第3位,总平面图中则注写到小数点后第2位。标高有绝对标高和相对标高两种。除总平面图外,一般采用相对标高,即把底层室内主要地坪的标高定为相对标高的零点,即±0.000,各层面标高以此为基准确定。标高符号的尖端应指至被标注的高度位置,尖端可向下,也可向上,如图1-12(b)所示。总平面图室外地坪标高符号用涂黑的三角形表示,如图1-12(c)所示。

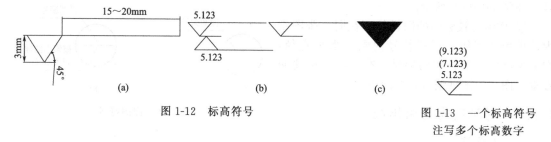

图 1-12 标高符号   图 1-13 一个标高符号注写多个标高数字

零点标高应注写±0.000，正数标高不注"＋"，负数标高应注"－"，例如 3.000、－0.600。当在图样的同一位置需表示几个不同标高时，标高数字可按图 1-13 所示的形式注写。

1.3.8 索引符号及详图符号

（1）索引符号

图样中的某一局部或构配件如需另见详图，应以索引符号索引。索引符号的圆及直径均应以细实线绘出，圆的直径为 10mm，如图 1-14(a) 所示。索引符号按下列规定编写。

① 索引出的详图如与被索引的图样在同一张图纸内，应在索引符号的上半圆中用阿拉伯数字注明该详图的编号，并在下半圆中间画一段水平细实线，如图 1-14(b) 所示。

② 索引出的详图如与被索引的图样不在同一张图纸内，应在索引符号的下半圆中用阿拉伯数字注明该详图所在图纸的编号，如图 1-14(c) 所示。

③ 索引出的详图如采自标准图集，应在索引符号水平直径的延长线上加注该标准图册的编号，如图 1-14(d) 所示。

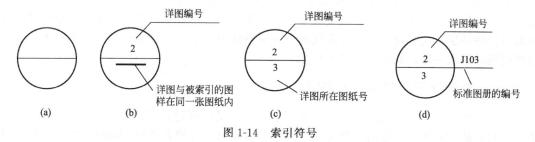

图 1-14 索引符号

④ 索引符号如用于索引剖视详图应在被剖切的部位绘制剖切位置线（粗实线），并应以引出线（细实线）引出索引符号，引出线所在的一侧应为剖视方向，如图 1-15(a) 所示。索引符号的编写规定如前。

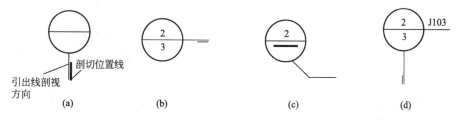

图 1-15 用于索引剖面详图的索引符号

（2）符号详图

详图的位置和编号应以详图符号表示，详图符号以粗实线绘制，直径为 14mm。详图符号按下列规定编号。

① 详图与被索引的图样如在同一张图纸内应在详图符号内用阿拉伯数字注明详图的编

号,如图 1-16(a) 所示。

② 详图与被索引的图样如不在同一张图纸内,可用细实线在详图符号内画一水平直径,在上半圆中注明详图的编号,在下半圆中注明被索引图样的图纸编号,如图 1-16(b) 所示。

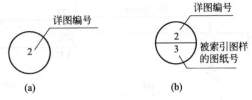

图 1-16 详图符号

1.3.9 对称符号与引出线

(1) 对称符号

对称符号由对称线和两端的两对平行线组成。对称线用细单点长画线绘制,平行线用细实线绘制,其长度宜为 6~10mm,每对的间距宜为 2~3mm,对称线垂直平分两对平行线,两端超出平行线宜为 2~3mm,如图 1-17 所示。

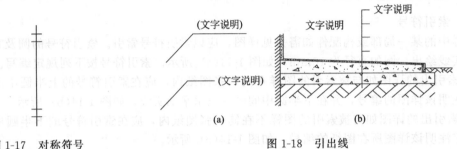

图 1-17 对称符号　　　　　　　图 1-18 引出线

(2) 引出线

引出线应以细实线绘出,采用水平方向直线或与水平方向成 30°、45°、60°、90°的直线。文字说明注写在横线的上方或横线端部,如图 1-18(a) 所示。多层构造共用引出线应通过被引出的各层,文字说明注写在横线的上方或横线的端部。说明的顺序应由上至下,并应与被说明的层次一致,如图 1-18(b) 所示。

1.3.10 指北针与风向频率玫瑰图

总平面图上的指北针或风向频率玫瑰图是表明建筑物或建筑群的朝向与风向的关系的。指北针指示的方向为正北方向。指北针宜用细实线绘制,圆的直径为 24mm,指针尾部的宽度为 3mm,指针头部应注明"北"或"N"字,如图 1-19 所示。风向频率玫瑰图同样指示正北方向,并表示常年(图中实线)和夏季(图中虚线)的风向频率,图形中显示的常年最高频率风向称为"主导风向",如图 1-20 所示。

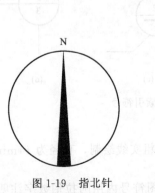
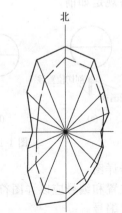

图 1-19 指北针　　　　　　　图 1-20 风向频率玫瑰图

第 2 章
CAD二维图形设计基础

2.1 CAD 文件的基本操作

(1) 创建新图形

启动 AutoCAD 2012 后,有 3 种方法新建图形。

① 左键单击 图标。

② 按 Ctrl+N 键。

③ 依次单击 新建 图形。

弹出"选择样板"对话框,如图 2-1 所示。

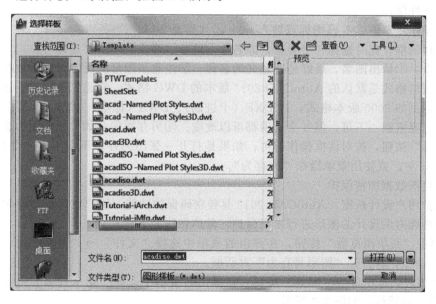

图 2-1 "选择样板"对话框

选择 acdiso.dwt 文件,单击"打开"按钮,出现一张新的图纸。注意,当前进入的空间为 A3 图幅(420×297)。

(2) 常用输入命令方法

在 AutoCAD 中可以使用的输入设备有 3 种,即键盘、鼠标和数字化仪,以键盘和鼠标最为常用。

① 使用鼠标输入命令。通常用鼠标控制 AutoCAD 2012 的光标和屏幕指针。现在鼠标分为左、中、右键,左键通常启动工具栏上的命令或选择绘图区中的实体时使用;中键用于缩放显示图形操作;右键常用于结束命令或弹出快捷菜单。

② 使用键盘。大部分的 AutoCAD 功能都可以通过键盘输入命令全称或简称完成，而且是输入文本对象、命令参数、对话框参数的唯一方法。通常为了快捷地操作 AutoCAD 系统，鼠标＋键盘或键盘操作的熟练程度是非常重要的。

（3）图形文件操作

图形文件操作包括新建、打开、保存、另存图形文件，退出系统等操作，如表 2-1 所列。

（4）子目录建立

双击"我的电脑"，然后双击某盘符（如 D:），在空白处单击鼠标右键，选择"新建"命令，单击"文件夹"，输入子目录名称（如 0609002），按回车键即可。

表 2-1　图形文件操作

序号	命令	图标	下拉菜单	功能	说明
1	New		"文件"→"新建"	新建图形文件	执行命令后，弹出如图 2-1 所示的"选择样板"对话框，选择"acadiso.dwt"，单击"打开"按钮即可
2	Open		"文件"→"打开"	打开图形文件	打开已经存在的图形文件
3	Qsave		"文件"→"保存"	同名保存	将当前图形以原文件名存盘
4	Save(As)		"文件"→"另存为"	更名保存	将当前图形以新的名字存盘
5	Exit		"文件"→"退出"	退出 AutoCAD	退出 AutoCAD 2012 绘图环境

（5）文件保存

命令操作：左键单击 图标或输入 save✓（见表 2-1）。

弹出对话框，此时选择 3 个要素，即名称、地址、格式，然后存盘即可。

知识点：①给出图名，最好是有意义的名称。②注意该图形的位置，即存放在哪个子目录中。③当前格式是默认的 AutoCAD 2012 版本的 DWG 格式，它是二进制的，还可以存为其他格式，例如 2000 版本格式，或 DXF（十进制）、DWS（标准）、DWT（模板图）格式等。存盘三要素缺一不可，但 3 个选项都可以改变。④另存操作：如果当前图为新图，左键单击"存盘"按钮，按对话框操作即可；如果是打开一张图另存，不能单击"存盘"按钮，需要输入 save✓或使用菜单操作"另存为"。

（6）绘图数据加密保护

为保护用户设计机密，AutoCAD 2012 具备密码保护功能。用户在保存文件时可以启用密码保护功能对所设计的图形进行密码保护，具体做法如下。

① 单击"菜单浏览器"按钮，在弹出的菜单中选择"文件"→"保存"或"文件"→"另存为"命令，将打开"图形另存为"对话框。

② 在该对话框中单击"工具"按钮，在弹出的菜单中选择"安全选项"命令，将打开"安全选项"对话框，如图 2-2 所示。

③ 在"密码"选项卡中，可以在"用于打开此图形的密码或短语"文本框中输入密码，然后单击"确定"按钮打开"确认密码"对话框，并在"再次输入用于打开此图形的密码"文本框中输入确认密码，如图 2-3 所示。

（7）打开图形

命令操作：左键单击 图标或输入 open✓（见表 2-1）。

出现对话框，注意选择名称、地址、格式三要素，或双击文件名。

知识点：①在 AutoCAD 系统未启动状态下也可通过双击图形文件名称打开系统，并打开该图形。②高版本 AutoCAD 系统可以打开低版本、同版本文件，即系统向下兼容，反之不行。③如果打开的图形文件文字变成问号，通常说明是无合适字库匹配，可能需要改动字

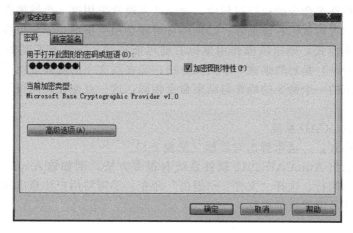

图 2-2 绘图数据安全选项

体设置。④批量打开图形的方法：在打开图形的对话框中用鼠标框选或用 Ctrl＋A 键选定多个图形即可实现批量打开。

(8) 栅格及其捕捉

命令操作：打开栅格显示按 F7 键，关闭再次按 F7 键；或在状态栏中用左键单击栅格。与之相应的栅格捕捉功能操作为打开按 F9 键，关闭再次按 F9 键，或在状态栏中用左键捕捉。

知识点：①栅格显示及捕捉功能约束光标在栅格点上移动。②它们可为用户提供栅格电

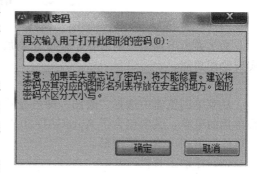

图 2-3 "确认密码"对话框

子图幅范围，帮助用户迅速、方便地做出对称、标准、美观的工程用图形符号、规整尺寸示意图。③栅格及其捕捉大小可以设置，方法是在命令行中输入 grid ↙（或 snap ↙），直接设置其大小；或右键单击状态栏中的相应位置，弹出对话框进行设置，注意最好将二者的大小设置一致。

(9) U 的含义

命令操作：在直线和多义线命令执行过程中输入 U ↙。

知识点：①该操作的含义是取消刚刚结束的上一步操作；②多次使用它可以撤销命令的所有操作步骤，直到仅剩下第一步；③不能撤销整个命令；④俗称小 U；⑤若连续撤销一批命令，读者可参考 UNDO 命令。它从图面上显示所绘直线一条一条被擦除的效果。

命令操作：在提示行"命令："提示状态下输入 U ↙（或单击撤销图标 ↶）。

知识点：①该操作的含义是取消刚刚结束的整个命令操作；②俗称大 U；③无论用户上一个命令用的是什么，都整个取消；④多次使用它可以将当前图的所有操作命令全部取消，但不能关闭当前图；⑤从图面上观察效果，就好像所有的图形被擦除的效果。

(10) Esc 键的含义

当用户希望中断命令执行或者退回到初始状态时只需按键盘左上角的 Esc 键即可。

知识点：初学者经常会在没有启动任何命令的时候用鼠标左键在屏幕上拖动光标画线，此时线肯定不会画出，初学者此时不理解系统的实体选择方式，此时用 Esc 键即可取消；然后启动画直线命令即可画线了，熟知这一点对初学者很重要。

(11) 结束及重复命令

命令操作：空格键、回车键、右键快捷选择（见表 2-1）。

知识点：①在许多命令的执行过程中，命令结束通常采用这3个键操作，这3个键的操作很重要；②初学者用鼠标右键最好；③熟练者可能会用空格键；④如果将鼠标右键快捷菜单设置为取消菜单模式，则这项操作用鼠标右键可能更快；⑤注意有些命令（如椭圆、圆弧、圆、矩形等命令）是自然结束，不用此方法；⑥在写文字的时候显然不能用空格键。

重复刚刚结束的一个命令的操作与结束命令相同，这一点毫无疑问很重要，快速绘制操作离不开它。

(12) 退出AutoCAD系统

命令操作：Exit↙，通常弹出对话框（见表2-1）。

知识点：①退出AutoCAD 2012软件系统有很多方法，例如输入quit↙、按Alt+F4键、用鼠标关闭标题行、选择"文件"→"退出"命令。②需要用户注意出现的对话框，是将图形改动保存，还是取消这种操作。

2.2 常用绘图命令

为了满足不同用户的需要，使操作更加灵活、方便，AutoCAD2012提供了多种方法来实现绘图功能。

(1) 菜单栏

从菜单浏览器中选择"绘图"即可显示绘图级联菜单。"绘图"菜单是绘制图形最基本、最常用的菜单，其中包含了AutoCAD 2012的大部分绘图命令，选择该菜单中的命令或子命令可绘制出相应的二维图形。

(2) 浮动工具栏

浮动工具栏中的每个绘图图标都与菜单栏中的图标相对应，单击图标即可执行相应的绘图命令如图2-4所示。

图2-4 绘图浮动工具条

(3) 命令行交互绘图

使用绘图命令是一种较好的绘图方式，在命令提示行中输入绘图命令，按Enter键或者空格键，并根据命令行的提示信息进行绘图操作。这种方法快捷、准确性高，但要求用户熟练掌握绘图命令及其选择项的具体功能。

2.2.1 绘制水平和垂直线

绘制水平、垂直线的方法很多，下面介绍常用的3种方法。

(1) 左键单击状态栏上的"正交"按钮，或按F8键，直接启动绘制直线命令，在这种情况下，所绘直线被约束在水平或垂直方向，不能再绘制其他方向的直线。

(2) 按F7、F9键，在栅格捕捉的状态下按照水平或竖直的方向画线即可。

(3) 在正交或栅格捕捉情况下启动画线命令，用鼠标导引水平或垂直方向，然后输入长度，可以绘制长度精确的直线。对于绘制某一角度方向的精确直线将在后面介绍。

2.2.2 添加线型

在CAD系统中实体对象最重要的特性通常是颜色、线型、线宽等。

命令操作：左键单击"对象特性"工具栏上的线型管理下拉框（图2-5），然后选择"其他"，弹出"线型管理器"对话框（图2-6），单击"加载"按钮，弹出"加载或重载线型"对话框（图2-7），查找并左键单击合适的线型（如center），连续单击"确定"按钮，再从线型管理下拉框中切换合适的线型，若需要多种线型可以按住Ctrl键同时加载。

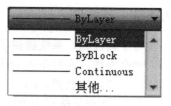

图2-5　线型管理下拉框

知识点：①这是在同一张电子图纸上绘制不同线型，它与后面讲到的不同图层对应不同线型的做法是不一样的；②在希望绘制其他线型的时候，如果当前系统中没有，则重复上述步骤再次加载，如果系统当前已经有此线型，则直接切换即可；③每次绘制不同线型都需要先切换为合适的线型后才能绘制。

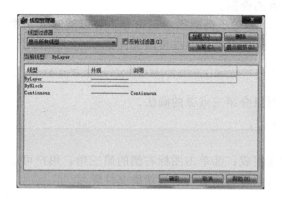

图2-6　"线型管理器"对话框

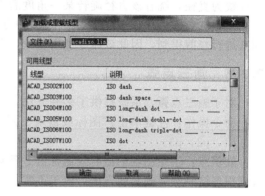

图2-7　"加载或重载线型"对话框

2.2.3　画圆

对于画圆，系统提供了6种方法，如图2-8所示，下面只介绍其中常用的4种方法。

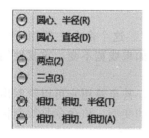

图2-8　圆绘制图标菜单

命令操作：左键单击⊙图标或输入c↙。

（1）给定圆心和半径圆

CIRCLE指定圆的圆心或［三点（3P）/两点（2P）/切点、切点、半径（T）］：圆心。

指定圆的半径或［直径（D）］：半径↙（知识点最常用）。

（2）三点圆

3P↙，p1，p2，p3（P代表点）。

条件是不在一条直线上的3个点，可利用切点捕捉绘制三角形的内切圆。

（3）两点直径圆

2P↙，p1，p2（直径的两个端点）。

（4）两个切点目标、一个半径圆

T↙，第1切目标，第2切目标，R↙。

以上4种画法在单击圆的图标右侧黑三角后都有对应的图标。

知识点：①切点目标的实体类型可以是直线、圆弧、圆等多种绘图实体；②相比2004版本增加了两种画圆的方法，一个是三点相切圆，另一个是圆心直径圆，由于很好理解，在这里不再赘述；③圆还可以理解为长轴和短轴相同的椭圆，用椭圆命令也可达到绘制圆的效果。

2.2.4 画椭圆

对于画椭圆，系统提供了 3 种方法，下面介绍其命令操作和知识点。

命令操作：左键单击 ⬭ 图标或输入 el↙（ellipse）。

(1) 三点定椭圆：p1，p2，p3

第 1、2 点是椭圆一个轴上的两个端点，第 3 点是另外一个半轴的长度点。

(2) 一个中心两个点椭圆：C↙，p1，p2

椭圆中心点 C，p1、p2 两点为两个半轴长度点。

(3) 两点一个转角椭圆：p1，p2，R↙，角度值↙

p1，p2 为椭圆一个轴上的两个端点，R 是角度提示参数，这种情况相当于以 p1 和 p2 的连线为直径，绕着该直径旋转某一角度后得到的椭圆。

知识点：①大部分情况使用第 1、2 种方法；②对于椭圆弧绘制命令，可以通过绘制椭圆并进行修剪得到，因此该命令使用较少，有兴趣的读者可通过帮助文件学习。

2.2.5 画三点弧

对于画三点弧，系统提供了多种方法，下面只介绍三点弧的画法。

命令操作：左键单击 ⌒ 图标或输入 a↙（arc）。

p1，p2，p3。

知识点：①绘制轴的截断线通常由 3 条圆弧组成；②单击图标右侧的黑三角，用户可以看到很多绘制圆弧的其他方法，由于不常用，有兴趣的读者可通过帮助文件学习。

2.2.6 多义线和矩形

在 AutoCAD 系统中，多义线（Pline 命令）被称为多段线，使用该命令可以做出多种含义（同宽、不同宽、带圆弧、箭头）一体化的线段，由于变化较多，在这里只介绍如何用多义线绘制带有线宽的矩形。

命令操作：左键单击 ⌐ 图标或输入 pl↙（pline）。

起点，W↙，起点宽↙，终点宽↙，下一点……最后输入 C↙。这个命令主要用于国家标准图纸幅面内框的绘制，第一次起点和终点宽度设置完毕后，如果线宽不变，重复使用不用再次设置线宽。

矩形命令的使用非常方便，尤其是已知矩形的两个角点坐标时，甚至使用它可以绘制出带有圆角、斜角、线宽的矩形。其实它就是多义线，并且是多义线的变型。该命令是绘制标准图幅最快的手段。

命令操作：左键单击 ▭ 图标或输入 rectang↙。

指定第一个角点或 ［倒角（C）/标高（E）/圆角（F）/厚度（T）/宽度（W）］：第一角点（0，0）↙。

指定另一个角点或 ［尺寸（D）］：另一角点（420，297）↙。

通过括号角点坐标可知，它绘制了一个标准 A3 图幅的外框。

知识点：①默认线宽是 0，宽度可以输入 W 设置；②标准图幅的内框有线宽，通常设置为 0.7；③标准图幅内框角点需要计算；④可以输入 C 设置斜角距离，可以输入 F 设置圆角半径。

2.2.7 简单写字

对于写字，系统提供了 3 种方法，这里只介绍最常用的 Mtext 命令的操作和知识点。

命令操作：左键单击 A 图标或输入 mt ✓（mtext）。

左键单击文字方框的两个角点，出现新的窗口，注意在字体下拉框中设置字体名称，输入字高，最后输入文字，输入完毕后单击左键关闭。

知识点：①文字的大小写；②空格键的作用就是空格，不再是回车或结束；③回车"✓"代表换行；④书写文字还有 Text 和 Dtext 两个命令，它们可以写出一种简单的、可带转角的、单一字体的单行或多行文字，其文字实体类型与 Mtext 不一致，Mtext 可以转换为 text 和 dtext 格式，后两种字体不能写两种或多种混排字体。

2.2.8 修剪

用当前绘制的图形实体作为剪刀，将相交、多余的图形进行修剪，修剪命令是被用户经常使用、非常重要的命令，下面介绍其命令操作和知识点。

命令操作：左键单击 ✚ 图标或输入 tr ✓（trim）。

左键选剪刀（可多选），选完✓；（这一步初学者通常容易忽略，尤其需要注意）。

左键单击需要剪掉的部分（可多选、可反悔 U✓）。

知识点：①这个编辑命令经常使用，而且可以修剪出很好的图形效果，非常重要，用户必须熟练掌握。②选择剪刀的技巧：如果希望快选则将所有实体当作剪刀，但修剪后可能还需要配合删除命令；如果苛刻地去选，可能不需要删除某些多余部分就可以达到希望得到的效果。

2.2.9 画多边形

从三角形一直到 1024 边形，系统为用户提供了多边形绘制功能，下面介绍其命令操作和知识点。

命令操作：左键单击 ⬠ 图标或输入 pol ✓（polygon）。

（1）边数✓，中心点，I✓，半径✓

I 的含义是给出中心点到多边形角点的距离，简称点角距。

（2）边数✓，中心点，C✓，半径✓（点边距）

C 的含义是给出中心点到多边形边的距离，简称点边距。

（3）边数✓，E✓，p1，p2（两点给边长）

E 的含义是给出多边形的边长，p1、p2 是通过输入两点给出边长。

知识点：①默认状态下输入半径值，则多边形水平放置；②如果知道点边距输入 C，如果已知点角距输入 I，如果两个都知道一般输入 I；③4、5、6 边形用的较多，其他多边形可能用在 CAD 几何作图中。

2.2.10 变线宽

变线宽操作有两种方法：一种是在线宽设置栏中直接设置＋状态栏中的"线宽"按钮显示，用这种方法设置线宽简单，但屏幕上所见非打印所得；另一种是通过命令（如 Pline 多义线命令、Rectang 矩形命令）设置，稍微麻烦一些，它的特征是屏幕所见即打印所得，下面介绍其命令操作和知识点。

命令操作：在"对象特性"工具栏中左键单击线宽设置栏，设置 0.3 或以上，左键单击下部状态栏中的"线宽"按钮，则后续绘制的实体即可显示当前设置的线宽。

知识点：①这种设置方法快捷、方便，但有不足，即显示的线宽不精确，所见与打印出来的效果不一致；②随着视觉缩放 Zoom 的变化，线宽显示也在发生变化；③如果图形需要做成网页格式，线宽信息可能丢失；④如果希望得到精确显示的线宽，需要用 Pline 多义线实体绘制，或通过 Pedit 命令改变所绘实体为多义线实体；⑤注意粗细线宽切换：单击线宽设置栏中的 ByLayer，通常为细实线显示，这一点许多初学者容易忽略。

2.2.11 样条曲线 Spline

命令操作：左键单击 ~ 图标或输入 spl↙，然后左键单击第 1 点、第 2 点、……、第 n 点↙。

知识点：①这个命令主要用于绘制剖面线边界，注意第 1 点和最后的第 n 点应该捕捉剖面线边界线上的点，中间点为过渡点；②用 Spline 曲线绘制的剖面线边界曲线不用加粗；③这个命令的用法比较多，有时可以用它绘制化工试验曲线，精度较高，其他用法请读者参考相关书籍。

2.3 二维编辑命令

2.3.1 删除命令 Erase

命令操作方法如下。

(1) 先命后选

命令操作：左键单击 ✎ 图标或输入 e↙，然后左键点选或框选……↙。

(2) 先选后命

命令操作：左键点选或框选……，左键单击 ✎ 图标或输入 e↙。

知识点：①两种操作方式相反；②以第 2 种方式操作为快；③该命令也可用 Delete 键代替；④选择实体的方式有多种，下面分别介绍。

当提示行出现选择对象时按以下步骤操作。

① 左键点选：最简单的选择方式，图形少，初学者常用。

② W 矩形方框：鼠标从左向右开窗口（或在命令行输入 W 强迫），窗口线为实线，被选实体是包含在窗口内的实体，与窗口边相交不算；常用于多个实体相交，希望删除其中一部分实体的场合；使用频率较高。

③ C 矩形方框：鼠标从右向左开窗口（或在命令行选实体提示下输入 C↙，等同强迫 C 窗口选择），窗口线为虚线，被选实体是包含在窗口内的实体，与窗口边相交的实体都算；常用于局部或整体多个实体的快速选择，使用频率较高。

④ 篱笆墙 F 线：选实体时用鼠标画多点直线，穿过该线的实体选中。

⑤ 多边形 WP/CP 方式：与 W/C 窗口概念一致，只是窗口形式为多边形。

⑥ 退选 R，加选 A：当选择过多时，可输入 R↙，可用鼠标退选；当退选过多时，输入 A↙，可再次加选。

⑦ 全选 all：输入 all，选中当前图形中的所有实体，有时常用。

⑧ 上次选过的 P：选择上次刚刚用过的实体选择集，有时常用。

⑨ 刚刚绘制的 L：选择上次刚刚用过的单个实体，有时常用。

2.3.2 复制命令 Copy

复制命令有 3 种操作方法，该命令的全称为 copy，图标为 ❀，下面分别介绍。其命令操作为：

co↙，选择对象↙

指定基点或［位移（D）/模式（O）］＜位移＞：

（1）指定基点复制

指定复制基点后，指定第二个点或［阵列（A）］＜使用第一个点作为位移＞：

在此提示下再确定一点，AutoCAD 将所选择对象按由两点确定的位移矢量复制到指定位置；如果在该提示下直接按 Enter 键或 Space 键，AutoCAD 将第一点的各坐标分量作为位移量复制对象。

（2）位移复制

根据位移量复制对象。

D↙，指定位移：

如果在此提示下输入坐标值（直角坐标或极坐标），AutoCAD 将所选择对象按与各坐标值对应的坐标分量作为位移量复制对象。

（3）阵列复制

指定基点，A↙，输入要进行阵列的项目数↙，指定第二个点或［布满（F）］，可重复执行多次。

知识点：①精确的基点、目标点通常需要打开对象捕捉；②模糊复制不需捕捉；③多重或单重复制可以通过模式选择来确定；④复制的概念是原有实体不动，复制的实体从基点移到了目标点。

2.3.3 移动命令 Move

命令操作：左键单击 ✥ 图标或输入 m↙（move），选实体……↙，基点，目标点。

知识点：①与单重复制命令的操作几乎一致；②实体直接从基点移到了目标点；③可以进行位移复制。

2.3.4 修剪命令 Trim

命令操作：左键单击 ✂ 图标或输入 tr↙（trim）。

左键选剪刀（可多选），选完↙（这一步初学者通常容易忽略，尤其需要注意）。

左键单击需要剪掉的部分（可多选、可反悔 U↙）。

知识点：①这个编辑命令经常使用，而且可以修剪出很好的图形效果，非常重要，用户必须熟练掌握。②选择剪刀的技巧：如果希望快选则将所有实体当作剪刀，但修剪后可能还需要配合删除命令。③如果苛刻地去选择，可能不需要删除某些多余部分就可以达到希望得到的效果。

2.3.5 拉伸命令 Stretch

命令操作：左键单击 图标或输入 S↙，C↙，选择要拉伸实体↙（可动部分全部），拉伸基点，目标点，如图 2-9 和图 2-10 所示。

知识点：①以命令简称操作简单；②选择拉伸实体的含义：用 C 窗口强迫方式选择需要伸长的部分全部，该操作理解稍难；③初学者经常犯的错误是选择不全或过多；④该命令不是把整个实体缩放，而是把实体中的某一部分拉长或缩短了；⑤拉伸的实体需要用 C 窗口的左或右边线压住，需要移动的部分需要包含在其他 3 条边内；⑥该命令通常需要捕捉命令配合使用；⑦拉伸的妙用——修改流程图连线，如图 2-11～图 2-13 所示，或修改流程图线上图形的位置，如图 2-14 和图 2-15 所示。

2.3.6 倒圆角命令 Fillet

命令操作：左键单击 图标或输入 f↙，下面分别介绍两种操作方法。

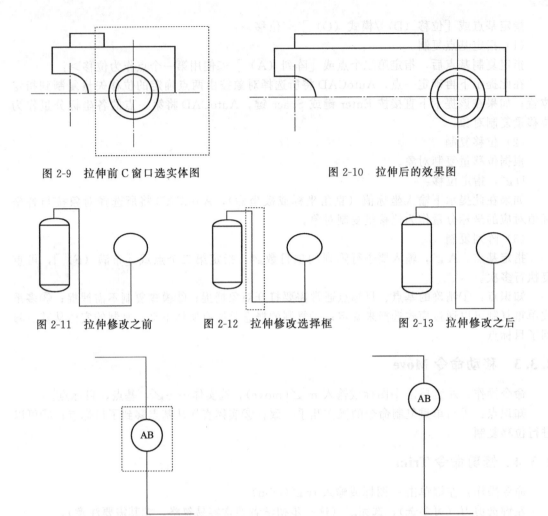

图 2-9 拉伸前 C 窗口选实体图　　　　图 2-10 拉伸后的效果图

图 2-11 拉伸修改之前　　图 2-12 拉伸修改选择框　　图 2-13 拉伸修改之后

图 2-14 拉伸修改前　　　　　　　　　图 2-15 拉伸后的效果

① 左键单击第一条线,左键单击第二条线(半径已经默认设置)。

② f✓,r✓,半径值✓(或打开对象捕捉功能捕捉两点),左键单击第一条线,左键单击第二条线(默认半径不对,现设置)。

知识点:①第一、第二条线没有顺序;②捕捉两点设半径的方法最为巧妙;③当半径大于两条直线最短边时,此操作不能实现,请看提示;④圆弧与直线、圆弧与圆弧也可倒圆角;⑤两条直线相交,倒角半径为 0,可实现角点清理的功能;⑥不相交的两条直线也能倒圆角,请读者试一试;⑦多义线组成的多边形可同时倒圆角。

2.3.7 倒斜角命令 Chamfer

命令操作:左键单击 ▱ 图标或输入 cha✓,对其两种操作分别介绍如下。

① 左键单击第一条线,左键单击第二条线(默认设置)。

② cha✓,d✓,第一倒角距✓,第二倒角距✓,接续(1)操作(现设置)。

知识点:①第一、第二条线有顺序,先操作的为第一,后操作的为第二;②两个斜角距离设置为 0,效果等同于倒圆角半径为 0;③不相交的两条直线也能倒斜角;④多义线组成的多边形可同时倒斜角。

2.3.8 实体缩放命令 Scale

命令操作：左键单击🔲图标或输入 sc ✓，选实体……✓，缩放中心点（捕捉），倍数 ✓。

知识点：①缩放中心点是不动点；②缩放倍数是相对于原来实体的，2 即放大两倍，0.5 即缩小为原来的二分之一；③还可以按照参照长度缩放，例如指定参照长度为 1.65，缩放后长度为 8，系统将自动精确计算比例因子（即缩放倍数）进行缩放；④它与 Zoom 焦距缩放有本质的区别，Scale 是真正将实体缩放了，实体大小有变化，而 Zoom 是视觉缩放，实体大小没变化；⑤缩放中心点的选取通常是图形几何中心点；⑥在保留原图原比例的基础上进行实体的单重复制缩放。

2.3.9 镜像命令 Mirror

命令操作：左键单击🔲图标或输入 mi ✓，选实体……✓，捕捉镜像线第一点，捕捉镜像线第二点，是否删除源实体<N>✓。

知识点：①通常需要用对象捕捉功能找镜像线上的两点；②通常不删除源实体而直接回车操作，但有时的确需要删除源实体，并注意其操作；③打开正交功能，那么两点只需捕捉一点，另一点靠着约束可不捕捉；④这个命令可以提高交互绘图效率至少一倍，用户一定要用熟、用好。

2.3.10 旋转命令 Rotate

命令操作：左键单击🔲图标或输入 ro ✓，选实体……✓，旋转中心点，旋转角度（＋/－）✓。

知识点：①旋转中心点通常需要对象捕捉配合；②旋转角度逆正顺负；③在保留原图原角度的基础上进行实体的单重复制旋转。

2.3.11 有边界延伸命令 Extend

命令操作：左键单击🔲图标或输入 ex ✓，选延伸边界……✓，点选延伸实体……（U）✓。

知识点：①必须有边界此命令才能执行；②延伸边界、延伸实体类型可以是多种实体；③延伸实体选错输入 U ✓可反悔；④初学者特别容易忘记选完延伸边界实体后回车；⑤该命令在 AutoCAD 2012 版本中还有一些其他操作选项，读者可自行学习。

2.3.12 无边界延伸命令 Lengthen

命令操作：输入 lengthen 或在菜单栏的"修改"中选择"拉长"，都可修改线段或者圆弧的长度。

执行该命令时，在命令行输入 len ✓，显示如下提示：

选择对象或［增量（DE）/百分数（P）/全部（T）/动态（DY）］，dy ✓，此时鼠标图标变为编辑方块，用其点选需要修改长度的直线，即可发现随着鼠标的移动该直线的方向不变，长度随鼠标的变动而变化。

2.3.13 分解命令 Explode

命令：左键单击🔲图标或输入 x ✓，选分解实体……✓。

知识点：①该命令也称为爆炸；②pline 多义线可分解为 line；③块可以分解为多个实

体；④尺寸块也可爆炸。

2.3.14 偏移命令 Offset

命令操作：左键单击 图标或输入 o✓，下面对两种操作方式分别介绍。

① 输入距离✓，点选要偏移实体，单击方向点，重复点选，单击……✓。

② 输入 T✓，点选要偏移实体，单击通过点，重复点选，单击……✓。

知识点：①这个命令也可称为平行复制；②经常用于平行线的复制；③用在封闭形上有特效，主要是指多义线类型实体（如矩形、多边形、PL 实体等），圆、圆弧、椭圆等封闭实体；④也可以平行复制通过某一点；⑤该命令在 AutoCAD 2012 版本中增加了"删除"、"图层"选项，可以实现删除原实体的偏移操作和改变图层的偏移操作，读者可自行学习。

2.3.15 打断命令 Break

该命令有两个图标，其实是两种操作方式，一种是模糊打断，另一种是精确打断于一点，下面分别介绍。

① 命令操作：左键单击 图标或输入 br✓，左键单击第一点，左键单击第二点（模糊切断）。

② 命令操作：左键单击 图标，左键捕捉一点（精确打断于一点）。

知识点：①第一种方法经常使用，如尺寸线与尺寸文字相交时，两点只需在视觉上大致差不多即可；②第二种方式是将一个实体一分为二，有时恰好需要这种情况。

2.3.16 阵列命令 Array

AutoCAD 2012 版中阵列命令取消了对话框，但增加了路径阵列功能以及其他一些特殊操作，这里只介绍 3 种阵列方式的基本操作。

命令操作：左键单击 图标或输入 ar✓，选择对象✓，出现命令行操作，下面分矩形、圆形和路径阵列 3 个部分叙述。

① 矩形阵列：输入 r✓，c✓（计数），行数✓，行间距✓，列数✓，列间距✓，✓结束。

② 圆形阵列：输入 po✓，选环形阵列中心点，项目数✓，角度（默认 360°），✓结束。

③ 路径阵列：输入 pa✓，选择路径曲线，项目数✓，间距✓，✓结束。

知识点：①矩形阵列方向可以通过鼠标导引或者行列间距的正负来确定；②阵列后的多个实体变成了一个块实体；③在阵列命令操作过程中，通过鼠标导引可以动态预览阵列效果；④该命令操作相对以前版本略显复杂，需要读者注意。

2.3.17 剖面线命令 Hatch

命令操作：左键单击 图标或输入 h✓，弹出"图案填充和渐变色"对话框，如图 2-16 所示，下面分别叙述操作过程。

(1) 选剖面线图案

左键单击样例图标，弹出"填充图案选项板"对话框，如图 2-17 所示，然后左键单击 ANSI 选项卡，选择合适的图案，单击"确定"按钮。

(2) 选剖面线区域

① 内点方式。左键单击"拾取点"，对话框消失，然后左键选择封闭区域内的任何一点，可选多个区域内的点，选完✓，返回对话框，可修改比例、角度、图案或其他，之后确定。

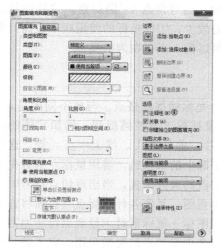
图 2-16 "图案填充和渐变色"对话框

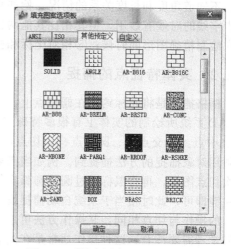
图 2-17 "填充图案选项板"对话框

② 选实体方式。左键选择对象,对话框消失,选择剖面线边界实体,可多选↙,选完↙,返回对话框。

上述两种方式如果选完实体后单击鼠标右键,则弹出快捷菜单,如图 2-18 所示,当各项参数正确时,为了快速操作,可直接选择"确认"。

(3) 预览、修改和完成

返回对话框以后,修改各个参数,随时左键单击预览按钮,观察,若不合适继续修改,反复操作直至合适,确定,即告完成。

知识点:①剖面线区域必须封闭,不封闭区域需要打剖面线,先封闭打,再打断封闭区域;②高级选项卡功能不太常用,请读者参考其他书籍;③由多个实体组成的封闭区域最好在当前屏幕全部显示,否则可能出问题,使剖面线打不上;④以内点方式打剖面线的情况最为多见,当内点方式失效时可以考虑边界实体方式;⑤剖面线填充还有一些更为复杂的问题,比如多个相互重合的区域,有兴趣的读者可以参考其他书籍自学;⑥剖面线操作需要用户熟练掌握。

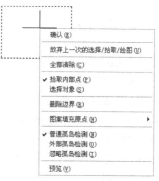
图 2-18 快捷菜单

2.4 辅助命令及功能

2.4.1 绝对、相对、极坐标

在二维空间中,AutoCAD 系统为绘图方便给用户提供了 3 种坐标,它们分别是绝对坐标、相对坐标、极坐标,下面分别介绍 3 种坐标的表达方式及操作知识点。

① 绝对坐标表达式:X,Y(X 和 Y 坐标用逗号分隔,务必注意)。
② 相对坐标表达式:@ΔX,ΔY(ΔX 是两点 X 坐标差,ΔY 同理,用逗号分隔)。
③ 极坐标表达式:@长度<角度(<号是分隔符)。

知识点:①只有命令中需要点的时候才能够使用;②绘制线条的起点肯定用鼠标定点或用绝对坐标,不会用后两者,原因请大家考虑;③相对坐标主要用于已知两点相对坐标关系，不知道角度和长度关系的情况，例如矩形（或轴）的对角点45°倒斜角，尤其在复制一些十字线的时候有妙用，但其相比其他两种坐标用的较少；④极坐标的使用频率较高，尤其是在绘制精确图形的时候；⑤相对坐标和极坐标必须以前一点存在为前提。

2.4.2 实体特征点的捕捉

栅格捕捉是将光标约束在栅格点上，可以理解为光标捕捉栅格点。与此不同的是，AutoCAD系统所绘制的实体上有很多特殊点可以用对象捕捉工具栏捕捉到，例如实体的端点、中点、交点、圆心点、切点、象限点、垂足点、线上一点等，这些点必须用对象捕捉的方法捕捉到。例如当需要捕捉一个圆上的切点时，需用鼠标左键首先单击一次切点图标，再将鼠标滑过圆或圆弧实体上相应切点的大致位置，当出现切点符号时，单击左键即可，此时相当于系统自动捕捉设计者的这种意图。其实各种捕捉点（后面将详细介绍）的操作与切点相同，其操作方法可总结为左键点图标＋鼠标滑过＋显现点符＋左键。只是初学者需要注意，这种操作通常是在绘制或编辑命令中需要点的时候采用，它不能当作一个命令单独使用。

2.4.3 视觉缩放

命令操作：左键单击图标或输入 z↙（zoom）焦距缩放。

① z↙，左键单击 p1、p2（窗口放大）。

② z↙，p↙（返回上一窗口）。

③ z↙，a↙（在 limits 设置范围显示当前图形）。

④ z↙，e↙（在当前窗口最大显示所有图形）。

知识点：①放大、缩小的是视觉效果或相当于照相机的焦距，而不是实际对象；②真正的实体缩放应该使用 Scale 命令；③在常用工具栏中有缩放图标、返回图标，注意它们的使用方法；④对于三键鼠标，鼠标中键特别有用，滚轮向前滚动是放大，向后滚动是缩小，双击中键相当于 z↙，e↙，按住中键拖动相当于移图；⑤滚动量大小可以设置，输入 zoom factor 系统变量即可；⑥AutoCAD 2012 标准工具栏中提供了多种缩放工具图标，读者可自己参考学习。

2.4.4 快捷特性

AutoCAD 2012 中扩展了快捷特性功能，当用户选择对象时不必专门调用特性面板，可直接显示快捷特性面板，从而方便用户修改对象的属性，如图 2-19 所示。

2.4.5 动态输入

使用动态输入功能可以使指针位置处显示标注输入和命令提示等信息，从而极大地方便绘图。动态输入功能的开关是 F12 键，也可以通过鼠标右键单击状态栏，弹出快捷菜单，通过单击状态切换级联菜单实现动态输入功能的开与关。动态输入的设置是通过下拉菜单中的绘图设置修改其参数的。

（1）指针输入

在"草图设置"对话框的"动态输入"选项卡中选中"启用指针输入"复选框，可以启用指针输入功能，如图 2-20 所示。

（2）标注输入

在"草图设置"对话框的"动态输入"选项卡中选中"可能时启用标注输入"复选框，可以启用标注输入功能，如图 2-21 所示。

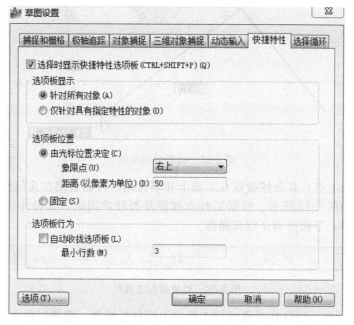

图 2-19 快捷特性

图 2-20 指针输入设置

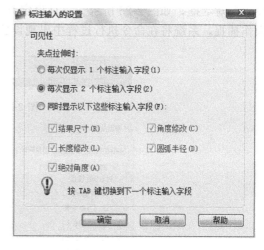

图 2-21 标注输入设置

(3) 动态显示

在"草图设置"对话框的"动态输入"选项卡中选中"动态提示"选项区域中的"在十字光标附近显示命令提示和命令输入"复选框，可以在光标附近显示命令提示，如图 2-22 所示。

2.4.6 临时和永久捕捉

(1) 捕捉操作及其含义

在命令执行过程中需要点的时候，通过对象捕捉工具栏，用鼠标左键相应捕捉点图标，将鼠标指针滑过实体对象相应区域，当看见黄色小图标出现时，用左键单击该区域即完成相应捕捉操作。

(2) 捕捉操作点的类型

在实体上可捕捉的点类型共包括 13 种，常用的有端点、中点、交点、圆心点、象限点、

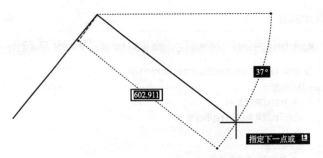

图 2-22 动态显示示例

切点、垂足点、线上点；其余捕捉点在工程上并不常用，可能会用在几何作图上，有兴趣的读者可以自学，如图 2-23 所示。根据某些点捕捉是否经常用到，其操作方法又分为临时捕捉和永久捕捉两种，下面分别介绍其操作。

图 2-23 对象捕捉工具栏

① 临时捕捉操作：可以在对象捕捉工具栏上用鼠标操作，需要时单击一次。

② 永久捕捉操作：通过状态栏设置，如图 2-24 所示。右键单击对象捕捉，弹出"草图设置"对话框，如图 2-25 所示。一旦设定某些点永久捕捉，则这些点不用再通过临时捕捉操作捕捉，系统将在命令执行过程中出现设置点时提醒用户注意。

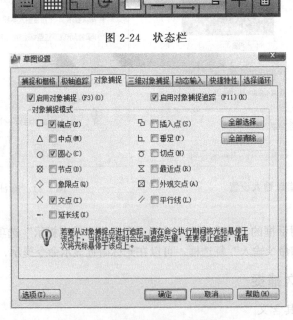

图 2-24 状态栏

图 2-25 "草图设置"对话框

知识点：①临时捕捉点经常用在只需少量捕捉的点；②永久捕捉用在需要大量捕捉的点；③永久捕捉不要设置太多，否则系统容易误操作；④临时捕捉优先于永久捕捉；⑤永久捕捉设置完成后，其开关是 F3 键，AutoCAD 2012 版本还提供了三维实体点捕捉功能，其快捷键是 F4，熟练操作它们很有用；⑥追踪捕捉：追踪捕捉是一种非常有用的捕捉，其操作方法是 TK↙，给点 1……n，↙，这种捕捉的好处是可以省去很多辅助线，可以为快速盲画打基础。

2.4.7 格式刷

命令操作：用鼠标左键单击选源实体，然后左键单击格式刷图标（屏幕上出现一个方框带一个刷子），左键单击选需要特性匹配的实体，可以多次，直至单击右键或回车结束。

知识点：①左键单击先选源实体还是格式刷都可以；②命令操作可以是 Matchprop 或 Painter，可以输入 s 设置匹配特性种类；③AutoCAD 2012 版本可以修改的特殊特性在以前版本的基础上增加了很多选项，读者可根据需要自行选择；④用于改变文字外观特别有用。

2.4.8 实体特性对话框

命令操作：双击图形实体（或单击实体，再按 Ctrl+1 键），将在屏幕左上角出现实体特性对话框，如图 2-26 所示。其中包括很多实体特性栏，在希望修改的栏目中输入修改值，然后关闭对话框即可。

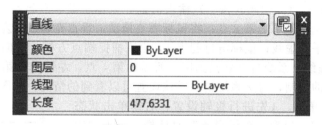

图 2-26 实体特性对话框

知识点：①如果栏目内容灰显，则其内容不能修改；②最好一次只选择一种实体；③双击文字则弹出对话框，可以修改文字内容，如果是 Mtext 文字还可以修改字体、大小等内容；④单一对象尺寸、线型比例、颜色等在此修改比较合适。

2.4.9 冷点与热点

冷点操作：左键单击实体，实体上出现蓝色的点，即为冷点。

热点操作：左键单击冷点，蓝点变为红色的点，即为热点。拖动热点可能出现几种情况，例如实体移动、缩放、伸长，注意其规律。

知识点：①冷点规律：直线冷点为两个端点、一个中点；圆和椭圆的冷点为一个圆心点、4 个象限点；圆弧冷点为两个端点、一个弧中点；PL 线冷点为两个端点；多边形和矩形冷点为各个顶点；样条曲线冷点为两个端点和两个中间点。②热点规律：直线中间点移动，端点为伸长；圆和椭圆的圆心点为移动，象限点为半径大小改变；圆弧两个端点伸缩，一个中点改变半径；PL 线两个端点改变长度；多边形和矩形改变点的位置；样条曲线两端伸缩，中间点改变曲率。③这个操作很有用，用户应熟练掌握。

2.4.10 过滤点操作及应用

概念：用一个点的 X 坐标和另一个点的 Y 坐标组成第三点坐标，下面介绍两个操作实例。

① 找矩形中心点操作：（例如在现有矩形中心画圆）输入 C↙，（先设置永久中点捕捉）输入 .X，捕捉矩形上（下）框线的中点（第一点），（当提示出现需要 .YZ 的时候）左键捕捉矩形左（右）框线中点（第二点），随即找到了矩形中心点，即圆心（即第三点）自动产

生,此时只需输入半径即可画圆。

②找矩形和圆的连线拐角点:从矩形右中点开始捕捉第一点画线,输入.X,捕捉圆的上部象限点(第二点),(当提示出现需要.YZ的时候)再次捕捉矩形右框线中点,随即找到了二者连线的拐角点。

知识点:①这种方法经常用于绘制工艺流程图连线;②读者可参考后面的三钮联动方法。

2.4.11 三钮联动

概念:从进入AutoCAD 2000系统起就提供了三钮联动功能,这3个按钮分别是状态栏上的极轴、对象捕捉、对象追踪,在这3个按钮同时按下后启动绘图命令,如图2-27所示。

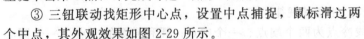

图2-27 三钮联动状态

只要是在0°、90°方向(还可以设置其他方向),系统就会自动显示一条亮虚线,自动捕捉用户的绘图意图,三者缺一不可,这个功能为快速作图提供了重要基础,下面介绍两个操作实例。

①绘制水平矩形。(三钮同时按下)输入L↙,鼠标左键单击起点1,将鼠标水平方向拖动,水平亮虚线;左键单击第2点,将鼠标垂直拖动,垂直亮虚线;左键单击第3点,将鼠标水平拖动,水平亮虚线;鼠标滑过起点1,出现捕捉端点方框,滑向第4点,系统出现两条相交90°的亮虚线,系统自动捕捉到用户所需的第4点,左键单击第4点,即完成水平方向任意长度矩形的绘制,这是系统初始默认设置可以看到的情况,如图2-28所示。

②绘制等边三角形。(先进行极轴设置:右键单击状态栏中的"极轴"按钮,出现"草图设置"对话框,单击"用所有极轴角设置追踪"选项,左键单击"附加角"选项,左键单击"新建"选项,分别设置60°、120°两个新的追踪角度,左键确定,设置完毕)。

开始绘制:输入L↙,鼠标左键单击起点1,将鼠标水平方向拖动,水平亮虚线;左键单击第2点,将鼠标沿120°方向拖动,亮虚线;鼠标滑过起点1,出现捕捉方框,滑向第3点,系统出现交角为60°的两条亮虚线,在亮虚线交点处左键单击第3点,即完成等边三角形的绘制。

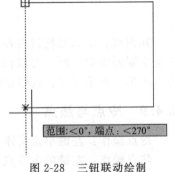

图2-28 三钮联动绘制矩形(找左下角点)

③三钮联动找矩形中心点,设置中点捕捉,鼠标滑过两个中点,其外观效果如图2-29所示。

④三钮联动找中间连接点,鼠标滑过圆心点,其外观效果如图2-30所示。

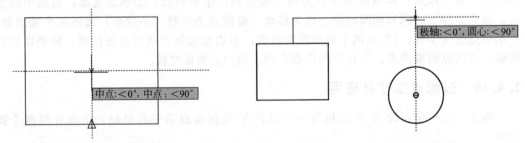

图2-29 三钮联动找矩形中心点   图2-30 三钮联动找中间连接点

知识点:①系统初始默认是0°和90°;②所有极轴角设置追踪默认系统包括90°、45°、30°、22.5°、18°、15°、10°、5°等,不够可以再进行设置;③极轴、对象捕捉、对象追踪3

个按钮要同时按下；④学会鼠标滑动，这一点非常重要，它是追踪用户意图的最重要的一步操作；⑤如果配合输入长度，C 封口等，可以更迅速地作图；⑥三钮联动可以解决过滤点操作问题，这一点请读者考虑；⑦三钮联动用好了可以产生很好的效果，从而省去许多辅助线，大大提高作图效率，但是需要用户耐心、仔细。

2.5　图块的应用

2.5.1　块的定义、特点及类型

在复杂的工程图中经常会有很多重复的图形，一个个交互绘制既烦琐又容易出错，这个问题可以借助块来轻松解决。

（1）块定义

块是一组实体被"焊接"成一个实体，它可以大大提高绘图效率。块有 3 个要素，即块名、钩点、对应的一组实体。

（2）块的特点

① 用户可将块插入图中的任意位置；②可以指定不同的比例、旋转角；③将其当作一个实体处理而不考虑内部结构；④块还可以被"爆炸"成原来的一组实体。

（3）块的类型

① 本图块 block 只适用于当前打开图，随当前图存盘，不能独立存放在硬盘上，不能独立地插入到其他文件中；②文件块 wblock 独立存放在硬盘上，相当于一个单独的图形文件，可以独立地插入到任何图形中。

2.5.2　定义本图块和文件块

（1）本图块命令操作

左键单击 图标或输入 b✓，弹出"块定义"对话框（如图 2-31 所示），输入块名，左键单击"拾取点"，对话框消失，在屏幕上选基点，返回对话框；左键单击"选择对象"，对话框消失，选实体✓，返回对话框，如图 2-32 所示，观察实体效果，确定即可。

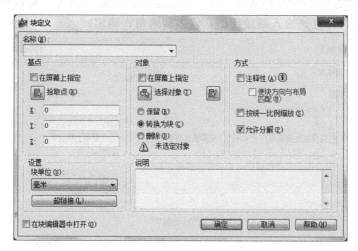

图 2-31　"块定义"对话框

知识点：①选择对象有 3 个选项，分别是保留、转换为块、删除，保留是指将选择的实

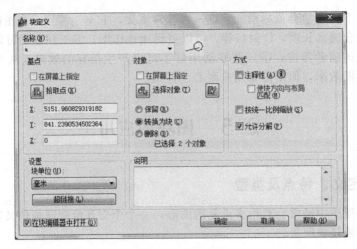

图 2-32 块定义完毕

体做成块,放入后台,选择图形不转换成块;转换块是指把选择图形做成块;删除是指选择图形做成块,然后将其删除。②系统默认转换为块,相当于将当前图形做成块,并插入到原位,有时省掉了在当前位置插入图形命令,可谓一举两得。

(2)文件块命令操作

输入 w↙,弹出"写块"对话框(如图 2-33 所示),选择已经存在的块(如块 a),输入文件名和路径,确定即可(此时块图形在屏幕左上角闪现)。

知识点:文件块在没有现成本图块可利用,可以从头到尾直接做,其方法和制作本图块相同,只是多了一个块文件名需要输入。

2.5.3 插入块

图 2-33 "写块"对话框

命令操作:左键单击 图标或输入 i↙(insert),出现"插入"对话框(如图 2-34 所示),选块名,选插入点,输入缩放比例,输入旋转角,确定。

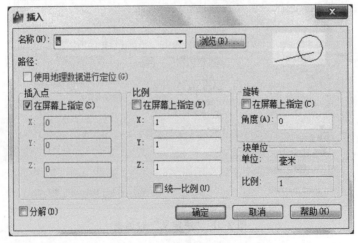

图 2-34 "插入"对话框

知识点：①通常插入点在对话框消失后用鼠标选择；②缩放比例可以提前输入，也可用鼠标确定；③旋转角度与缩放比例同理；④插入的块先爆炸后插入（对话框左下角）；⑤一个块做好后插入比制作的源实体含义更加广泛。

块的优点：①可以用来建立图形库；②节省存储空间；③便于修改图形。

2.6 尺寸标注

2.6.1 尺寸构造

尺寸由尺寸线、尺寸界线、尺寸箭头、尺寸文本组成，如图 2-35 所示，在 AutoCAD 系统中为用户提供了非常方便的自动标注手段和人工设置尺寸线的方法。

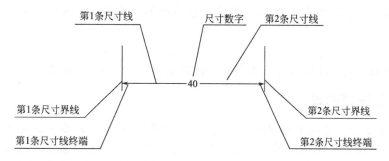

图 2-35 尺寸构造示意

2.6.2 尺寸种类及标注方法

（1）长度型尺寸

长度型尺寸包括 5 种，它们分别是①水平标注、②垂直标注、③平齐标注、④连续标注、⑤基线标注，如图 2-36 所示。

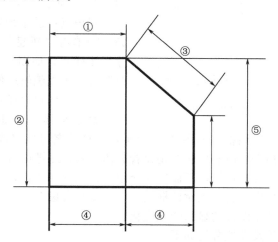

图 2-36 长度型尺寸标注样式

①、②、③表达的是水平、垂直、平齐标注。其标注操作如下：

左键单击 图标，打开端点或交点捕捉；

左键单击尺寸线第一端点①，左键单击尺寸线第二端点②；

左键单击尺寸线位置点③。

知识点：在给出点③之前，如果希望标出与系统测量不一样的尺寸，则输入T↙，输入修改尺寸值↙，再定点③。

④、⑤表达的是连续、基线标注，其标注操作如下：

左键单击 ⊢⊣ ⊢⊢⊣ 图标，左键单击下一尺寸的第二端点……↙。

知识点：连续、基线标注必须在水平、垂直、平齐标注之后。

(2) 半径、直径型尺寸

标注操作：左键单击⊙ ⊘图标，左键单击圆或弧上的一点，然后左键单击给出尺寸线位置。

知识点：①在给出尺寸线位置点之前若需要修改尺寸，则输入T↙，输入修改尺寸↙，再重新定位；②修改后标注的尺寸系统忽略Φ和R，此时直径需要加％％C（＝Φ），半径需要加R。

(3) 角度型尺寸

角度标注操作：左键单击△图标，然后左键单击第一条线，左键单击第二条线，左键单击尺寸线位置点。

知识点：①在给出尺寸线位置点之前若需要修改尺寸，则输入T↙，输入修改尺寸↙，再重新定位；②修改后标注的尺寸系统忽略，此时需要在尺寸文字后面加％％D（＝°）。

2.6.3 尺寸标注前的设置

AutoCAD系统为了适应不同国家、不同行业、不同用户、不同要求的尺寸标注，为用户提供了尺寸标注设置管理器，用于满足上述要求。在进行尺寸标注前必须先设置，设置的效果决定了标注效果。系统为用户提供了总体尺寸样式和子尺寸样式设置两部分内容，总体尺寸样式可以设置多个，附属总体样式的子尺寸样式也可以有多个。

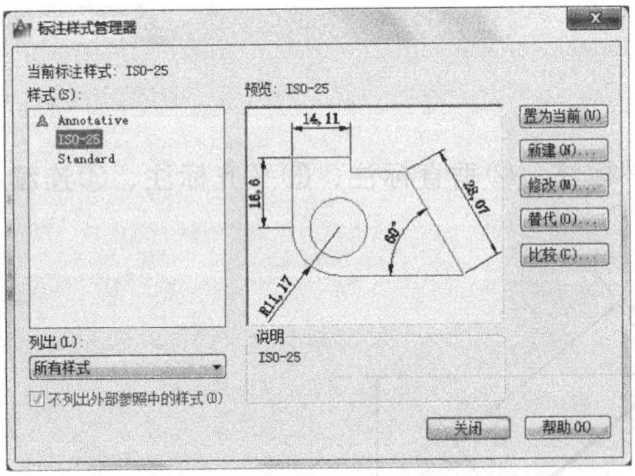

(1) 进入标注样式管理器

命令操作：左键单击 图标或输入ddim↙，进入"标注样式管理器"对话框，如图2-37所示。

知识点：①系统默认设置样式为ISO-25；②单击"新建"按钮可以设置新的尺寸标注样式，如图2-38所示；③单击"修改"按钮可以编辑或修改当前设置样式。

(2) 总体尺寸样式设置

命令操作：左键单击"新建"按钮，

图2-37 "标注样式管理器"对话框

弹出"创建新标注样式"对话框，如图2-37所示，新样式名可以修改，可以默认；基础样式的含义是参考样式；用于"所有标注"是设置总体样式，左键单击"继续"按钮，随即进入新建标注样式的尺寸设置对话框，下面首先介绍总体尺寸标注样式设置操作。

总体尺寸标注设置操作：在进入对话框之后，主要是考虑对7个选项卡的设置，随着设置的改变，对话框中右上角图标的显示随着变化。

这7个选项卡的名称及设置分别如下。

① 线。设置尺寸线、尺寸界线（即延伸线）的参数，主要设置尺寸线颜色、线宽、基线间距、尺寸线隐藏，如图2-39所示。

知识点：颜色通常随层；基线间距即基准标注相邻两条尺寸线的间距；尺寸线隐藏即抑制一端或两端尺寸线绘制。

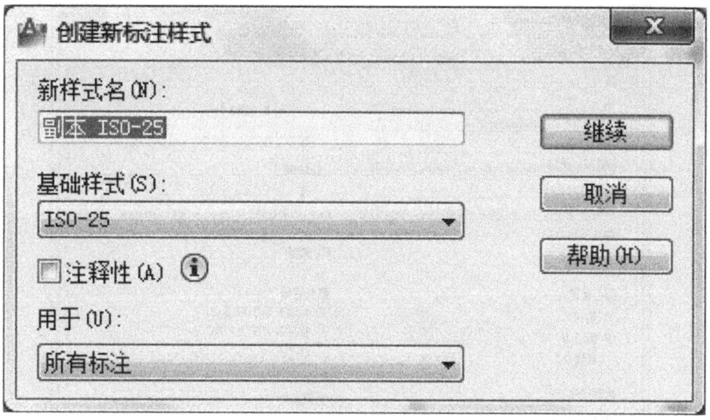

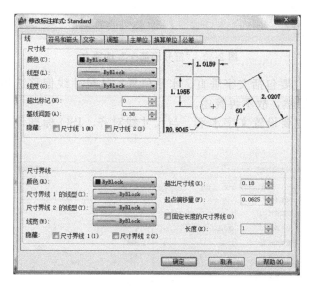

图 2-38 "创建新标注样式"对话框

图 2-39 "线"选项卡

尺寸界线区主要设置尺寸界线的颜色、线宽、超出尺寸线、起点偏移量、隐藏尺寸界线等。

知识点：颜色通常随层；超出尺寸线是指尺寸界线超出尺寸线的大小设置，通常设置为 1；起点偏移量设置中机械零部件的偏移量通常为 0，建筑制图偏移量需根据情况设置；隐藏尺寸界线即抑制一端或两端尺寸界线的绘制。

② 符号和箭头。设置尺寸箭头及特殊符号等参数，如图 2-40 所示。

箭头区主要设置箭头形式、大小。

知识点：通常采用实心闭合形式；各种形式的箭头根据需要选择；尺寸线两端的箭头形式可以不同。

其他各个区均为特殊标记符号的设置，通常很少涉及，此处不再赘述。

③ 文字。设置字体、大小、放置参数，主要包括文字外观、文字位置、文字对齐 3 个设置区，如图 2-41 所示。

a. 文字外观区。主要包括文字样式、颜色、高度、分数高度比例、绘制文字外框选项设置。文字样式其实设置的是字型名、字体名、宽高比等参数；文字外框设置是否标注文字加上外框，在一些重要尺寸需要强调的时候需要此项设置。

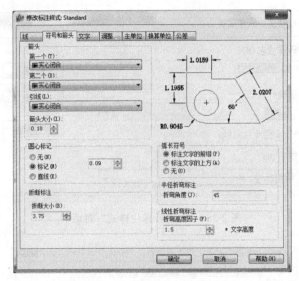

图 2-40 "符号和箭头"选项卡

b. 文字位置区。主要包括文字垂直、水平位置、从尺寸线偏移选项,其设置随着改变从右上角图标中一目了然,故不再赘述。

c. 文字对齐区。主要设置文字水平、与尺寸线对齐、ISO 标准,用户可以根据需要进行选择。

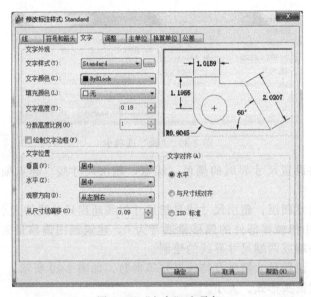

图 2-41 "文字"选项卡

④ 调整。设置尺寸线、箭头、文字相互匹配参数,主要包括调整选项、文字位置、标注特征比例、优化 4 个设置区,如图 2-42 所示。

a. 调整选项区。主要设置当尺寸界线之间没有足够空间放置文字和箭头的时候系统如何处理,例如文字或箭头由系统自动处理、箭头移出、文字移出等,总体尺寸标注设置中尽可能以系统默认的第一个选项不动为好。

b. 文字位置区。主要设置当文字不在默认位置的时候文字的放置位置,总体尺寸标注设置中尽可能以系统默认的第一个选项不动为好。

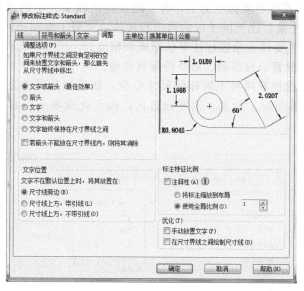

图 2-42 "调整"选项卡

c. 标注特征比例区。主要设置模型空间和图纸空间全局尺寸变量比例系数。例如当前尺寸箭头大小为 2.5、文字高度为 2.5、尺寸界线超出量为 1，如果比例系数为 2，则上述所有数量均放大两倍。此选项一般不动。

d. 优化区。主要设置是否在标注时手动放置文字或是否始终将尺寸线穿过尺寸界线，总体尺寸标注设置中尽可能以系统默认选项不动为好。

⑤ 主单位。设置标注单位、精度、分隔符、前/后缀、测量比例因子等参数，主要设置包括线性标注、测量单位比例、角度标注、消零等区域，如图 2-43 所示。

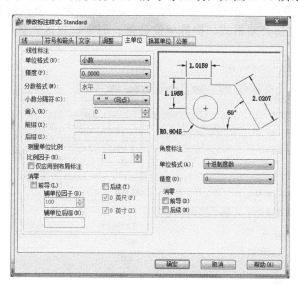

图 2-43 "主单位"选项卡

a. 线性标注区。主要设置标注单位形式（小数即为十进制）、精度（保留小数点位数）、分隔符（通常为句点）、舍入、前缀、后缀等，后两项有时在需要标注一批带有前/后缀的尺寸时用到。

b. 测量单位比例区。这个设置很重要，当用户绘制非 1:1 的图形时，尺寸标注如果按照

1:1去标注，则每次都需要更改标注文字，有了测量比例因子大小的设置，系统在标注尺寸之前将自动测量的尺寸乘以比例因子以后再进行标注，克服了绘制比例与标注之间的矛盾。

　　c. 角度标注区。主要设置角度标注单位形式和精度。

　　d. 消零区。主要设置小数点前、后 0 的保留位数。

⑥ 换算单位。系统换算两种不同标注尺寸单位，如毫米和英寸之间的长度换算，通常不用。其主要包括换算单位、位置、消零设置区，由于此选项卡经常不用，在这里不再赘述，如图 2-44 所示。

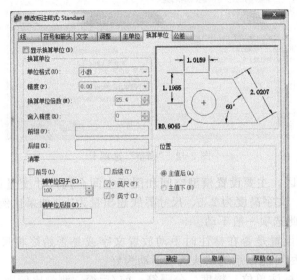

图 2-44　"换算单位"选项卡

⑦ 公差。机械、建筑等产品设计有些尺寸需要标注公差，公差的样式、大小在这个选项卡中设置，其主要包括公差格式、换算单位公差、消零设置区，如图 2-45 所示。

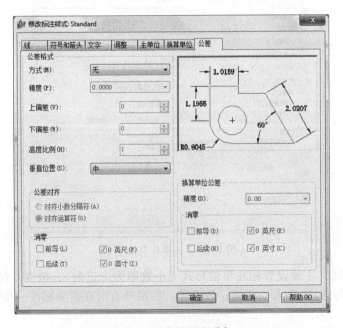

图 2-45　"公差"选项卡

a. 公差格式区。主要包括方式、精度、上偏差、下偏差、高度比例（即公差文字高度与尺寸文字高度之比）、垂直位置等。注意，方式即公差格式，主要有对称、极限偏差、极限尺寸、基本尺寸、无 5 种形式。下偏差系统默认为负，如果用户再加上负号，则系统自动更正为正。当有公差的时候，右上角图标会自动显示出来，用户可以看到。国家标准规定公差文字比尺寸文字小，通常设置该比例为 0.6 比较合适。标注尺寸一行与公差文字两行的垂直关系通常是标注尺寸文字垂直居中。在总体尺寸设置中公差设置通常不动。

b. 换算单位公差和消零区。通常很少涉及，此处不再赘述。

综上所述，设置总体尺寸标注时，对于 6 个选项卡只设置前 4 个选项卡即可。具体参数设置请根据需要或国家标准规定，有很多设置可能需要经验，这要看用户对 AutoCAD 系统尺寸标注使用的熟练及理解程度而定，熟能生巧。

（3）子尺寸标注样式设置

在标注样式管理器中不退出或关闭即可设置子尺寸标注样式，子尺寸标注样式通常是在总体标注样式设置无法完成标注或者总体设置标注与用户希望的标注矛盾的时候，此时用户应该清醒地意识到需要进行子尺寸样式设置了。

① 子尺寸标注设置操作。在"标注样式管理器"对话框中单击"新建"按钮，弹出"创建新标注样式"对话框，如图 2-38 所示，新样式名不能修改，基础样式不变，"用于"下面的下拉框包括多个选项，有线性、角度、半径、直径、坐标、引线和公差等，一旦选定，单击"继续"按钮，随即进入"新建标注样式线性"尺寸设置对话框，仍然考虑 6 个选项卡的设置，下面分别叙述各选项的设置。

② 线性子尺寸标注设置。6 个选项卡都可以按用户的希望更改；这里通常可能要修改的是在"主单位"选项卡中加上前缀，例如％％C＝Φ，尤其在标注机械零件轴的时候需要考虑。

③ 角度子尺寸标注设置。6 个选项卡都可以按用户的希望更改；这里通常可能要修改的是"文字"选项卡中的文字对齐"水平"方式；也可能需要在"主单位"选项卡中考虑加上后缀，例如％％D＝°。

④ 半径子尺寸标注设置。6 个选项卡都可以按用户的希望更改；这里通常可能要修改的是"文字"选项卡中文字对齐区中的"水平"选项；还有可能修改"调整"选项卡的调整选项区中的"文字"选项以及优化区中的"手动放置文字"选项。

⑤ 直径子尺寸标注设置。6 个选项卡都可以按用户的希望更改；这里通常可能要修改的是在"文字"选项卡中文字对齐区中的各个选项；可能修改"调整"选项卡中调整选项区中的"文字"选项以及优化区中的"手动放置文字"选项；可能设置"主单位"选项卡中线性标注区中的精度为 0.00、分隔符为句点；可能设置"公差"选项卡中公差格式区中的格式，如对称或极限偏差，以及设置上、下偏差，设置高度比例，设置尺寸文字在垂直方向居于公差文字两行中部等。

⑥ 坐标标注和引线标注设置。通常用的很少，在这里不再赘述。

子尺寸标注设置完毕后，返回到标注样式管理器，系统的显示如图 2-46 所示，在 Standard 总体标注名称下面多了几行显示附属于该总体尺寸标注的子尺寸标注名称，说明该设置完毕，如果在后续的使用过程中还有不合适的地方，可以单击"修改"按钮进行修改。

（4）尺寸设置注意事项

① 在总体尺寸标注和子尺寸标注两个重要内容设置完毕后即可进行尺寸标注了，其标注方法在前述内容中已经说明。

② 需要进一步说明的是，如果一套总体尺寸标注不够，可以继续设置第 2 套、第 3 套

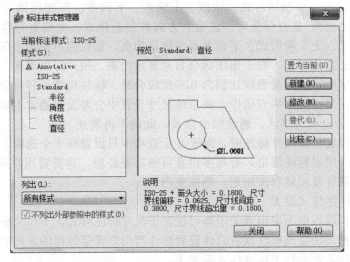

图 2-46　设置完毕标注样式管理器样式

或更多，以满足非常复杂的标注情况。

③ 如果两个图形的标注样式不同，可以相互借鉴，此时只需打开它们，在第一张图纸中打开设计中心，找到其标注样式，将其用鼠标拖曳到第二张图中即可，这个方法很有用。

④ 按国家标准推荐，在标注前最好给尺寸标注一个图层。

2.7　图形输出

【功能】将绘制好的图形通过打印机、绘图仪等设备打印输出。

【命令启动】

下拉菜单：选择"文件"→"打印"命令。

标准工具栏：单击 🖶 图标。

命令：plot✓。

【操作提示】执行命令后弹出如图 2-47 所示的"打印-模型"对话框。

命令操作：左键单击 🖶 图标或输入 plot✓，或选择下拉菜单中的"文件"→"打印"命令，弹出"打印-模型"对话框，如图 2-47 所示，注意各个选项及其设置。

打印机/绘图仪区主要包括打印机配置等选项设置。

① 名称：选择系统当前已经安装的打印设备，只要是在 Windows 操作系统中可以使用的打印机，在该下拉框中均可显示出来，用户在这里只需选择其中合适的选项即可，例如方正 A6100。

② 图纸尺寸：它是图纸尺寸和图纸单位设置，用来选择图纸幅面和图纸单位（通常选毫米）。

③ 打印区域：一般选窗口，打印目标明确。

④ 打印比例：有放大、缩小等比例，注意选择"布满图纸"。

⑤ 打印偏移：选择打印区域的原点位置，通常选居中。

⑥ 打印样式表：设置打印样式，注意单色打印样式，选 monochrome.ctb 选项。

⑦ 图形方向：分横向、纵向等，可以通过预览看清楚。

⑧ 打印选项、着色视口选项：通常不动。

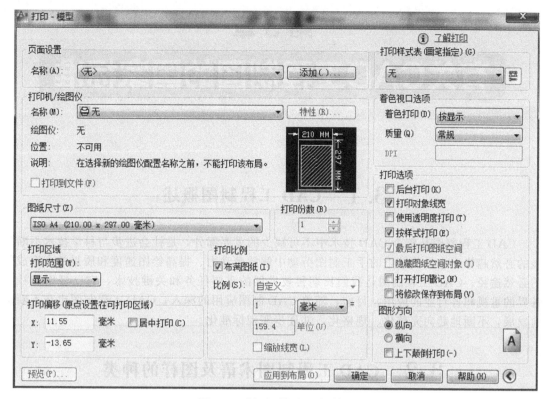

图 2-47 "打印-模型"对话框

⑨ 预览:设置完毕后用左键单击"预览"按钮,可以看见整个打印区域的图形此时单击右键退出,修改参数至合适,再预览,再单击右键,看是否合适,然后打印。

第3章 有关CAD工程制图的国家标准

3.1 CAD工程制图概述

CAD工程制图是整个CAD技术中不可缺少的重要部分,是社会进步与科学技术不断发展的必然趋势,也是从繁重的手工制图劳动中解放劳动力、提高绘图速度和质量的卓有成效的必然途径。CAD工程制图是我们长期科技发展的重要任务和关键技术,它已经引起社会各界的重视和各行业的应用。目前,随着CAD制图应用的深入,CAD工程制图也在不断向前发展,不断地趋向完整化、规格化,并逐步实现标准化。

3.2 CAD工程制图术语及图样的种类

① 工程图样:根据投影原理、标准或有关规定表示工程对象的形状、大小和结构,并有技术说明的图。

② CAD工程图样:在工程上用计算机辅助设计后所绘制的图样。

③ 图形符号:由图形或图形与数字、文字组成的表示事物或概念的特定符号。

④ 产品技术文件用图形符号:由几何线条图形或它们和字符组成的一种视觉符号,用来表达对象的功能或表明制造、施工、检验和安装的特点。

⑤ 草图:以目测估计图形与实物的比例,按一定画法要求徒手(或部分使用绘图仪器)绘制的图。

⑥ 原图:经审核、认可后可以作为原稿的图。

⑦ 底图:根据原图制成的可供复制的图。

⑧ 复制图:由底图或原图复制成的图。

⑨ 方案图:概要表示工程项目或产品的设计意图的图样。

⑩ 设计图:在工程项目或产品进行构形和计算过程中所绘制的图样。

⑪ 工作图:在产品生产过程中使用的图样。

⑫ 施工图:表示施工对象的全部尺寸、用料、结构、构造及施工要求,用于指导施工的图样。

⑬ 总布置图:表示特定区域的地形和所有建(构)筑物等布局以及邻近情况的平面图样。

⑭ 总图:表示产品总体结构和基本性能的图样。

⑮ 外形图:表示产品外形轮廓的图样。

⑯ 安装图:表示设备、构件等安装要求的图样。

⑰ 零件图:表示零件结构、大小及技术要求的图样。

⑱ 表格图:用图形和表格表示结构相同但参数、尺寸、技术要求不尽相同的产品的图样。

⑲ 施工总平面图：在初步设计总平面图的基础上根据各工种的管线布置、道路设计、各管线的平面布置和竖向设计绘出的图样，主要表达建筑物以及情况，外部形状以及装修、构造、施工要求等的图样。

结构施工图：主要表示结构的布置情况、构件类型、大小以及构造等的图样。

框图：用线框、连线和字符表示系统中各组成部分的基本作用及相互关系的简图。

逻辑图：主要用二进制逻辑单元图形符号所绘制的简图。

电路图：又称电原理图，它是用图形符号并按工作顺序排列详细地表示电路、设备或成套装置的全部基本组成和连接关系而不考虑其位置的一种简图。

流程图：表示生产工程事物各个环节进行顺序的简图。

表图：用点、线、图形和必要的变量数值表示事物状态或过程的图。

3.3 CAD 工程制图的基本要求

CAD 工程制图的基本要求主要是图纸的选用、比例的选用、字体的选用、图线的选用等，它们都是需要在绘制工程图之前确定的。

3.3.1 图纸幅面

用计算机绘制 CAD 图形时应该配置相应的图纸幅面、标题栏、代号栏、附加栏等内容，装配图或安装图上一般还应配有明细表内容［图纸幅面与格式在《技术制图　图纸幅面和格式》（GB/T 14689—1993）中有较为详细的规定］。

图纸幅面形式如图 3-1 所示，基本尺寸见表 3-1。

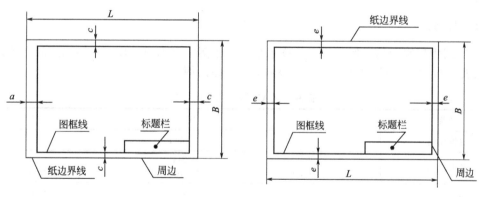

(a) 带有装钉边的图纸幅面　　　　　　(b) 不带装订边的图纸幅面

图 3-1　图纸幅面的形式

表 3-1　图纸的基本尺寸　　　　　　　　　　　　　　单位：mm

幅面代号	A0	A1	A2	A3	A4
$B×L$	841×1189	594×841	420×594	297×420	210×297
e	20	20	20	10	10
c	10	10	10	5	5
a	25	25	25	25	25

注：在 CAD 绘图中当对图纸有加长、加宽的要求时，应按基本幅面的短边（B）成整数倍增加。

对于 CAD 工程图可以根据实际情况和需要设置以下内容。

① 方向符号：用来确定 CAD 工程图视读方向，如图 3-2 所示。

② 剪切符号：用于对CAD工程图裁剪定位，如图3-3所示。
③ 米制参考分度：用于对图纸比例尺寸提供参考，如图3-4所示。
④ 对中符号。用于对CAD图纸的方位起到对中作用，如图3-5所示。

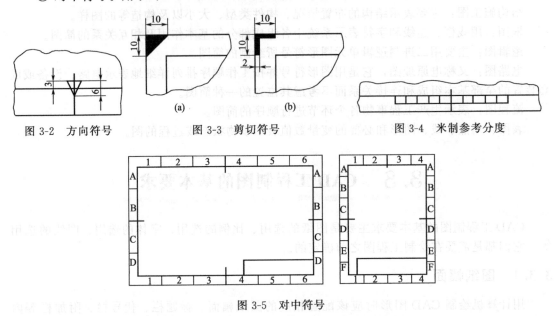

图 3-2　方向符号　　　　图 3-3　剪切符号　　　　图 3-4　米制参考分度

图 3-5　对中符号

标准中要求对复杂图形的CAD装配图一般设置图符分区，其分区形式如图3-5所示。图符分区主要用于对图纸上存放的图形、尺寸、结构、说明等内容起到查找准确、定位方便的作用。

3.3.2　比例

CAD图中所采用的比例应符合《技术制图　比例》（GB/T 14690—1993）的有关规定，具体见表3-2，在必要的时候也可以选择表3-3中的比例。

表 3-2　CAD图中的比例（1）

种类	比例		
原值比例	1:1		
放大比例	5:1 $5\times10^n:1$	2:1 $2\times10^n:1$	$1\times10^n:1$
缩小比例	1:2 $1:2\times10^n$	1:5 $1:5\times10^n$	1:10 $1:1\times10^n$

注：n为整数。

表 3-3　CAD图中的比例（2）

种类	比例				
放大比例	4:1 $4\times10^n:1$	2.5:1 $2.5\times10^n:1$			
缩小比例	1:1.5 $1:2.5\times10^n$	1:2.5 $1:2.5\times10^n$	1:3 $1:3\times10^n$	1:4 $1:4\times10^n$	1:6 $1:6\times10^n$

3.3.3　字体

CAD图中的字体应按GB/T 13362.4—1992的有关规定，做到字体端正、笔画清楚、排列整齐、间隔均匀，并要求采用长仿宋体矢量字体。代号、符号要符合有关标准规定。

① 字：一般要以斜体输出。

② 小数点：输出时应占一个字位，并位于中间靠下处。

③ 字母：一般也以斜体输出。

④ 汉字：输出时一般采用正体，并采用国家正式公布的简化汉字方案。

⑤ 标点符号：应按其含义正确使用，除省略号、破折号为两个字位外，其余均为一个字位。

⑥ 字体与图纸幅面间的关系请参照表3-4选取。

表3-4 字体与图纸幅面间的关系　　　　　　　　　　　　单位：mm

图幅 字体 h	A0	A1	A2	A3	A4
汉字	7	7	5	5	5
字母与数字	5	5	3.5	3.5	3.5

注：h=汉字、字母和数字的高度。

⑦ 字体的最小字（词）距、行距以及间隔线、基准线与书写字体间的最小距离参照表3-5中的规定。

表3-5 字体之间的距离　　　　　　　　　　　　单位：mm

字体		最小距离
汉字	字距	1.5
	行距	2
	间隔线或基准线与汉字的间距	1
拉丁字母、阿拉伯数字、希腊字母、罗马数字	字符	0.5
	词距	1.5
	行距	1
	间隔线或基准线与字母、数字的间距	1

注：当汉字与字母、数字混合使用时，字体的最小字距、行距等应根据汉字的规定使用。

⑧ CAD工程图中所用的字体一般是长仿宋体，但技术文件中的标题、封面等内容也可以采用其他字体，其具体选用请参照表3-6的规定。

表3-6 字体的选用

汉字字型	国家标准号	形文件名	应用范围
长仿宋体	GB/T 13362.4～13362.5—1992	HZCF.*	图中标注及说明的汉字、标题栏、明细栏等
单线宋体	GB/T 13844—1992	HZDX.*	大标题、小标题、图册封面、目录清单、标题栏中的设计单位名称、图样名称、工程名称、地形图等
宋体	GB/T 13845—1992	HZST.*	
仿宋体	GB/T 13846—1992	HZFS.*	
楷体	GB/T 13847—1992	HZKT.*	
黑体	GB/T 13848—1992	HZHT.*	

3.3.4 图线

图线包括图线的基本线型和基本线型的变形。在《技术制图　图线》（GB/T 17450—

1998）新标准中有详细的规定，它在原有旧标准的基础上增加了一些新的线型。

图线的基本线型如表 3-7 所列。

表 3-7　图线的基本线型

代码	基本线型	名称
01	————————	实线
02	--------	虚线
03	— — — —	间隔画线
04	—·—·—·—	单点长画线
05	—··—··—··	双点长画线
06	—···—···—	三点长画线
07	··········	点线
08	—-—-—-	长画短画线
09	—··—··—	长画双点画线
10	-·-·-·-	点画线
11	-··-··-··	单点双画线
12	--··--··--	双点画线
13	--··--··--	双点双画线
14	-···-···-	三点画线
15	--···--···	三点双画线

基本图线的变形：如表 3-8 所示。

表 3-8　基本图线的变形

基本线型的变形	名称	基本线型的变形	名称
∿∿∿∿∿	规则波浪连续线	∧∧∧∧∧	规则锯齿连续线
ೲೲೲೲ	规则螺旋连续线	～～～	波浪线

基本图线的颜色，CAD 工程图在计算机上的图线一般按照表 3-9 中提供的颜色显示，相同类型的图线应采用同样的颜色。

表 3-9　基本图线的颜色

图线类型		屏幕上的颜色	图线类型		屏幕上的颜色
粗实线	————	绿色	虚线	--------	黄色
细实线	————	白色	细点画线	-·-·-·-	红色
波浪线	～～～	白色	粗点画线	-·-·-·-	棕色
双折线	∿∿∿		双点画线	-··-··-	粉红色

3.3.5　剖面符号

在绘制工程图时，各种剖面符号的类型比较多，CAD 工程制图中的剖面符号的基本形式如表 3-10 所示，各个行业还应该制订各自行业的剖面图案。

表 3-10 剖面符号的基本形式

剖面区域的式样	名 称	剖面区域的式样	名 称
	金属材料/普通砖		非金属材料(除普通砖外)
	固体材料		混凝土
	液体材料		木质件
	气体材料		透明材料

3.3.6 标题栏

标题栏在《技术制图　标题栏》(GB/T 10609.1—1989)中有详细的规定,标题栏在 CAD 图中的方位及其形式可以参考图 3-6。《CAD 工程制图规则》中只提供了基本样式。每张 CAD 工程图均应配置标题栏,且标题栏应配置在图框的右下角。

图 3-6　标题栏在 CAD 图中的方位及其形式

CAD 图形中的标题栏格式(如名称及代号区、标记区、更改区、签字区等形式)与尺寸如图 3-7 所示,格式中的内容可以根据具体情况做出适当的修改。

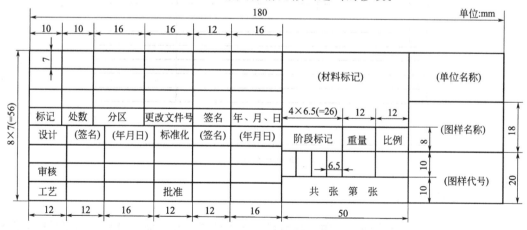

图 3-7　标题栏格式

3.3.7 明细栏

在 CAD 的装配图或工程设计施工图中一般应该配置明细栏,栏中的项目及内容可以根据具体情况适当调整,明细栏一般配置在 CAD 的装配图或工程设计图中标题栏的上方，如图 3-8 所示，而 CAD 的装配图或工程设计图中明细栏的形式及尺寸如图 3-9 所示。如果在装配图或工程设计图中不能配置明细栏，明细栏可以作为其续页，用 A4 幅面图纸给出。

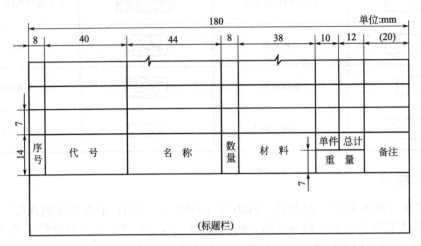

图 3-8　明细栏位置

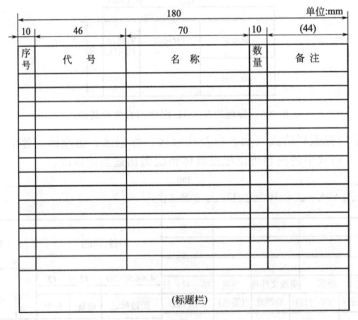

图 3-9　明细栏的形式及尺寸

3.3.8　代号栏

代号栏一般配置在图样的左上角。代号栏中的图样代号和存储代号要与标题栏中的图样代号和存储代号一致，代号栏中的文字要与 CAD 图中的标题栏中的文字成 180°。

3.3.9　附加栏

附加栏通常设置在图框外、剪裁线内，通常由借（通）用件登记、旧底图总号、底图总号、签字、日期等项目组成。

3.3.10 存储代号

存储代号的编制有一定的规则，该规则在《CAD通用技术规范》或《CAD文件管理和CAD光盘存档》书中有详细的介绍。它在CAD图的标题栏中应该配置在名称及代号区中代号的下方，而在CAD产品装配图或工程设计施工图等的明细栏中应配置在代号栏中代号的后面或下面。

3.4 CAD工程图的基本画法

对于绘制CAD工程图的基本画法在《技术制图图样画法视图》（GB/T 17451—1998）、《技术制图图样画法剖视图和断面图》（GB/T 17452—1998）的图样画法中有详细的规定，用户在制图时应该遵循以下原则。

① 在绘制CAD图时首先应考虑看图的方便，根据产品结构的特点选用适当的表达方法，在完整、清晰地表达产品各部分形状尺寸的前提下力求制图简便。

② CAD图的视图、剖视、剖面（截面）局部放大图以及简化画法应按照各行业有关规定配置或绘制。

③ 对于视图的选择，按照一般规律，表示物体信息量最多的视图应该作为主视图，通常是物体的工作、加工、安装位置，当需要其他视图时应该按照下述基本原则选取：

a. 在明确表示物体的前提下使数量最小。
b. 尽量避免使用虚线表达物体的轮廓及棱线。
c. 避免不必要的细节重复。

3.5 CAD工程图的尺寸标注

在对CAD图进行尺寸标注时应遵守以下原则。

① 在CAD图中尺寸大小应以图上所标注的尺寸数值为依据，与图形大小及绘图的准确程度无关。

② 在CAD图中，包括技术要求及其他说明的尺寸以毫米（mm）为单位时不需要标注计量单位的代号或名称。

③ CAD图中所标注的尺寸为该图所示产品的最后完工尺寸或为工程设计某阶段完成后的尺寸，否则应该辅以另外的说明。

④ CAD图中的每一尺寸一般只标注一次，并应标注在反映该结构最清晰的图形上。

⑤ CAD图中的数字、尺寸线和尺寸界线应按照各行业的有关标准或规定绘制。

⑥ CAD图中的标注尺寸的符号（如Φ、R、S等）也应按照各行业的有关标准或规定绘制。

⑦ CAD图中的尺寸的简化标注方法应按照各行业的有关标准或规定绘制。

⑧ CAD图中的箭头应该按照具体要求并根据图3-10所示的规定绘制。同一张图样中一般只采用一种尺寸线终端形式，当采用箭头位置不够时，可以采用圆点、短斜线代替箭头，如图3-11所示。

⑨ CAD工程图中的尺寸数字、尺寸线、尺寸界线应按照有关标准进行标注。在不引起误解的前提下，CAD工程制图也允许采用简化标注形式，这在《技术制图简化表示法第2部分：尺寸注法》（GB/T 16675.2—1996）中有详细的规定，大家可以参考执行。

图 3-10 箭头的绘制（1）

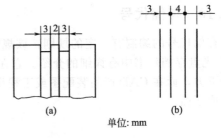

单位：mm

图 3-11 箭头的绘制（2）

3.6 CAD 工程图的管理

3.6.1 CAD 工程图管理的一般要求

采用计算机辅助设计技术编制设计文件一般应注意以下要求。

① 在编制 CAD 文件时应该正确地反映该产品或工程项目的有关要求，使得加工或施工人员能够比较清楚、详细地了解 CAD 文件所表达的意图。

② 在编制 CAD 文件时应该正确贯彻国家、行业的有关标准，并将最新的标准反映到 CAD 文件中，确保标准在贯彻实施中的正确性、统一性、协调性。

③ 在 CAD 文件中的计量单位应符合《国际单位制及其应用》（GB 3100—1993）等有关标准的规定，正确使用量与单位的有关代号、符号。

④ 提供的 CAD 设计文件所使用的各种工程数据库、图形符号库、标准件库等应该符合现行标准的相关规定，这样 CAD 文件中所管理的各种工程数据、图形、文字才具有现实意义。

⑤ 同一代号的 CAD 文件所用的字型与字体应该协调一致，以保证其 CAD 文件的外观美观、和谐。

⑥ 必要时允许 CAD 文件与常规设计的图样和设计文件同时存在，特别是刚刚开展 CAD 文件管理的单位，由于技术人员的 CAD 软件操作水平、设备、管理上的条件所限，往往需要用两种方式并存的办法解决 CAD 文件的丢失及感染病毒或其他不可预计的情况。

3.6.2 图层管理

CAD 工程图图层的管理方法可以参考表 3-11 的要求。

表 3-11 CAD 工程图图层

层号	描述	图例	线型[按《机械制图国家标准》（GB/T 4457.4—2002）]
01	粗实线 剖切面的粗剖切线	———————	A
02	细实线 细波浪线 细折断线	——————— ～～～～ ⌇⌇⌇	B C D
03	粗虚线	- - - - - - -	E
04	细虚线	- - - - - - -	F
05	细点画线 剖切面的剖切线	— · — · —	G

3.6.3 文件管理

CAD 文件方面的管理可以参考 GB/T 17825—1999 系列标准中的有关规定,该国家标准对 CAD 图及其相关文件的形成过程、中间的相关管理给出了规定,大家可以参考使用。

3.7 设置符合工程制图国家标准的绘图模板

3.7.1 建立模板的重要意义

随着工程 CAD 技术的飞速发展,掌握了基本绘图命令的工程技术人员不能满足于现状,而是要不断设法提高绘图效率。AutoCAD 2012 软件是通用、实用的计算机辅助制图及设计的软件,它为工程技术人员提供了无比的优越性,可以对软件本身进行多种二次开发功能,制作符合专业要求的模板图就是其中的一项内容。当用户有许多常用的、固定的格式需要在 CAD 图中体现时,在 AutoCAD 2012 软件中并不用每次都从头到尾做一遍,而是通过模板图的设置将这些常用格式固化在模板图中,这样以后每次开始一张新图时只需花费几秒钟时间将模板图复制一份到其中,即可完成相应的重复设置工作,大大提高了设计效率。

3.7.2 创建模板图的步骤

下面以 AutoCAD 2012 软件为例来说明创建模板图的方法和步骤。

(1) 选择初始模板

我国的国家制图标准有很多方面与国际制图标准接近,但并不完全相同,在 AutoCAD 2012 软件中提供的现成模板图中,Acadiso.dwt 国际标准公制模板最接近我国的制图标准的规定,在其基础上进行适当的修改后存盘,就可以作为我国的工程制图标准模板图。下面叙述其步骤:

① 启动 AutoCAD 2012 软件。

② 在启动对话框中左键单击"使用模板"按钮,选择 Acadiso.dwt 名称,即可打开该模板图。

(2) 图层设置

系统默认设置只有一个 0 层,只有一种连续线型,需要根据国标要求设置新的图层和线型。其设置原则是每一层具有不同的颜色、线型,选择不同的图层即可完成不同线型、颜色的切换,可使图样清晰、美观,符合标准。图层、线型、颜色可按国标规定对应图幅选取。

(3) 文字样式的设定

在 Acadiso.dwt 模板图中默认的字体名称为 txt.shx,它不符合我国的国标要求,此时应采用文字字体设置命令 Style 进行设置,输入该命令后,出现对话框,在对话框的 Style Name 框中可以设置有意义的指针名称,如汉字仿宋 HZFS、汉字宋体 HZST 等,在字体 Font Name 下拉框中应该选择仿宋体、宋体等国标推荐的字体,注意宽高比例系数应设置为 0.71 左右。值得注意的是:①AutoCAD 系统给用户提供的字体文件与工程 CAD 制图规定中提供的字体是不一样的;②如果希望在图面上写出纵向排列的汉字,则需要选择带@的汉字字体文件,而且宽高比、字高要与横向书写的字体设置相互匹配,需要通过实际测量手段,其余选项视具体情况设置;③对于西文字体的设置,可以选择 Romans.shx、Romand.shx、Simplex.shx 等字体文件,在写字时应该注意选择不同的字高值或倾斜角度;④国家标准规定根据不同的图幅所设置的字高不同,A0、A1 幅面图纸取 5 号字,A2~A4 幅面取 3.5 号字。在字体设置完毕后要将标题栏的标题文字填写清楚。

(4) 尺寸标注样式的设定

① 总体尺寸样式的设定。输入 ddim 或左键单击 图标，即可进入尺寸标注设置对话框，当前的标注式样为 ISO-25，其中的大部分项目并不适合我国的标注情况，具体设置参数请参照国家或行业标准进行详细设定。左键单击"新建"按钮，进入设置新尺寸标注对话框，注意相应地起好 A0～A4 等尺寸标注文件名称。再左键单击"继续"按钮，此时出现了尺寸设置主对话框，在此对话框中有 6 个选项卡，在"线"与"符号和箭头"选项卡中可以分别设置尺寸线、尺寸界线、尺寸箭头大小、颜色、外观等参数；在"文字"选项卡中可以设置文字的字体、颜色、大小、位置、对齐等参数；在"主单位"选项卡中可以设置主单位精度、格式、前/后缀等形式；在"换算单位"选项卡中主要针对英制、公制两种不同标注形式的图纸尺寸进行换算；在"公差"选项卡中可以设置公差形式、上/下公差、比例等参数。6 个选项卡设置完毕后即可退出设置，此时 CAD 系统中出现了一种与 ISO-25 不同的尺寸标注系统，总体尺寸设置只能满足一般的标注，如果所设标注不能满足用户要求，还可以继续设置第 2 个或更多标注尺寸系统，尤其是在相互矛盾的标注效果出现时更是如此，此外需要注意当前尺寸标注系统的切换。

② 子尺寸标注系统设置。有些时候总体标注设置不能解决一些特殊情况，例如针对角度、半径、直径文字水平表达，线性尺寸前面增加前缀特殊符号％％C 代表 Φ，此时如果增加新的标注系统不合适，因此可通过增加子尺寸设置解决这个问题。

这时左键单击"新建"按钮，在出现的对话框中将面对所有尺寸改为面对角度尺寸，再左键单击"继续"按钮，出现了主对话框，再对各个选项卡中的角度分别进行设置，如此重复下去，按照国标要求分别设置直径、半径等内容，最后建立了 A0～A4 各种图幅的尺寸标注样式，单击对话框中的"确定"按钮完成尺寸标注设置。这种设置相对国内 CAD 软件来说麻烦一些，但是如果工程技术人员希望标注各种不同的尺寸，这种设置是相当有必要的，它的好处是灵活多变。

(5) 打印样式的设定

在绘制的图纸完成以后往往需要将其使用打印机、绘图机绘制出来，国标规定，A0、A1 幅面图纸的粗实线线宽应为 0.75～1mm、细实线线宽应为 0.35mm，A2、A3、A4 幅面图纸的粗实线线宽应为 0.7mm、细实线线宽应为 0.25mm，由于给图层设置了各种颜色，而打印时需要按黑色出图，所以要建立打印样式表，并设置在模板图中。首先输入 plot 命令，屏幕上出现打印样式对话框，左键单击"打印设备"选项卡，在打印样式表下拉框中选择 monochrome.ctb 选项，即为单色打印。再选择"打印设置"选项卡，分别对图纸尺寸和图纸单位、打印区域、打印比例、图形方向、打印偏移、打印选项等进行适当的设置（从 A0～A4 图幅），设置完成后保存并返回，激活打印对话框，将用户出图样式表设为当前，其出图样式即被保存到当前模板图中。这样以后只要用此模板，就不用再次设置打印样式，直接出图即可。

(6) 保存模板

模板做好后，即可在 AutoCAD 2012 软件中存盘，注意一定要以 DWT 格式存盘，保存后的模板图的位置应该在 Template 子目录下，它的上面应该只有图框和标题栏，而没有其他任何图形，在它的上面有满足国标设置的图层、线型、尺寸标注式样、文字字体式样等初始设置环境。

(7) 模板图的应用

绘制新的工程图时，在启动和创建新图形对话框中应该选择"应用模板"按钮，此时左键单击合适的模板图名称（或直接双击之），左键单击"确定"按钮，即进入带有模板图的新图之中。细心的读者可能发现，此时新图的名称是类似 Drawing1 或 DrawingN 的名称，而不是模板图的名称，这样保证了每个模板图都可以反复使用。

3.8　图形符号的绘制

在绘制 CAD 工程图的图形符号时，应该按照《图形符号表示规则》（GB/T 16900～16903—1997）中的规定绘制。其中技术文件用图形符号绘制模型图如图 3-12 所示，设备用图形符号绘制模型图如图 3-13 和表 3-12 所示。

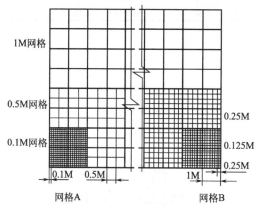

图 3-12　技术文件用图形符号绘制模型

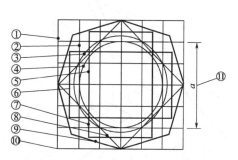

图 3-13　设备用图形符号绘制模型

表 3-12　设备用图形符号绘制模型

标号	说　　明
1	边长为 75mm 的正方形坐标网格，网格线间距为 12.5mm
2	边长为 50mm 的基本正方形。该尺寸等于符号原图的名义尺寸
3	直径为 56.6mm 的基本圆，与基本正方形 2 具有近似的面积
4	直径为 50mm 的圆，它是基本正方形 2 的内接圆
5	边长为 40mm 的正方形，它内接于基本圆 3
6、7	两个与基本正方形 2 具有相同表面积、宽为 40mm 的矩形。它们相互垂直，每一个矩形穿过基本正方形 2 的对边，且与其对称
8	正方形 1 各边中点的连线所形成的正方形，它构成基本图形的最大水平和垂直尺寸
9	由与正方形 8 的边线成 30°的线段形成的不规则八边形
10	位于基本图形四角的角标[见《图形符号表示规则》(GB/T 16902.1—2004)6.3 条]
11	名义尺寸 $a=50$mm[见《图形符号表示规则》(GB/T 16902.1—2004)6.3 条]

3.9　投影法

投影法一般有正投影、轴测投影、透视投影 3 种，在一般工程制图中采用正投影。

3.9.1　正投影

在 CAD 工程图中，表示一个物体有 6 个基本方向，相应的 6 个基本投影平面分别垂直于 6 个基本投影方向。通过投影所得到的视图及其名称见表 3-13，物体在基本面上的投影称为基本视图。

3.9.2　第一角画法

将物体置于第一分角内，即物体处于观察者与投影面之间进行投影的方法称为第一角投影。将其按规定展开投影面，如图 3-14 所示，各视图之间的配置关系如图 3-15 所示。

表 3-13 投影方向及其视图名称

透影方向		视图名称
方向代号	方向	
A	自前方投影	主视图或正立面图
B	自上方投影	俯视图或平面图
C	自左方投影	左视图或左侧立面图
D	自右方投影	右视图或右侧立面图
E	自下方投影	仰视图或底面图
F	自后方投影	后视图或背立面图

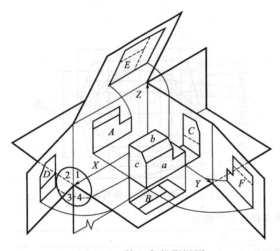

图 3-14 第一角投影视图

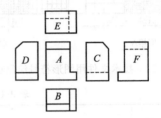

图 3-15 第一角投影视图间的配置关系

3.9.3 轴测投影

轴测投影是将物体连同其参考直角坐标系沿着不平行于任一坐标面的方向用平行投影法将其投影到单一投影面上所得到的具有立体感的图形，常用的轴测投影见表 3-14。

表 3-14 常用的轴测投影

轴测投影	正轴测投影			斜轴测投影		
特性	投影线与轴测投影面垂直			投影线与轴测投影面倾斜		
轴测类型	等测投影	二测投影	三测投影	等测投影	二测投影	三测投影
简称	正等测	正二测	正三测	斜等测	斜二测	斜三测
应用举例	伸缩系数	$p_1=q_1=r_1=0.82$	$p_1=r_1=0.94$ $q_1=\dfrac{p_1}{2}=0.47$	视具体要求选用		$p_1=r_1=1$ $q_1=0.5$	视具体要求选用
	简化系数	$p=q=r=1$	$p=r=1$ $q=0.5$		无		
	轴间角	120° 120° 120° (X Y Z)	≈97° 131° 132° (X Y Z)			90° 135° 135° (X Y Z)	
	例图	l, l, l 立方体	$l, l, l/2$ 立方体			$l, l, l/2$ 立方体	

注：轴向伸缩系数之比值，即 $p:q:r$ 应采用简单的数值，以便于做图。

3.9.4 透视投影

透视投影是用中心投影法将物体透射到单一投影面上得到的具有立体感的图形。根据画面对物体的长、宽、高三组主方向棱线的相对关系（平行、垂直、倾斜），透视图分为一点、二点、三点透视，具体应用应根据不同的要求。

3.10 给水排水制图标准

3.10.1 一般规定

给水排水专业制图通常采用的线型应该符合表3-15。

表3-15 给水排水专业制图常用线型

名称	线型	线宽	一般用途
粗实线	———	b	新建各种给水排水管道线
中实线	———	$0.5b$	给水排水设备、构件的可见轮廓线；厂区（小区）给水排水管道图中新建筑物、构筑物的可见轮廓线；原有给水排水的管道线
细实线	———	$0.35b$	平、剖面图中被剖切的建筑构造（包括构配件）的可见轮廓线；厂区（小区）给水排水管道图中原有建筑物、构筑物的可见轮廓线；尺寸线、尺寸界线、局部放大部分的范围线、引出线、标高符号线、较小图形的中心线
粗虚线	- - - - -	b	新建各种给水排水管道线
中虚线	- - - - -	$0.5b$	给水排水设备、构件的不可见轮廓线；厂区（小区）给水排水管道图中新建筑物、构筑物的不可见轮廓线，原有给水排水管道线
细虚线	- - - - -	$0.35b$	平、剖面图中被剖切的建筑构造（包括构配件）的不可见轮廓线；厂区（小区）给水排水管道图中原有建筑物、构造物的可见轮廓线
细点画线	—·—·—	$0.35b$	中心线、定位轴线
折断线	—/\—	$0.35b$	断开界线
波浪线	～～～	$0.35b$	断开界线

注：线宽b应根据图样的比例和类别选用不同的值，$b=0.4\sim1.2mm$。

3.10.2 比例

给水排水专业制图所选用的比例应该与表3-16相符。

表3-16 给水排水专业制图常用比例

名称	比例	名称	比例
区域规划图	1:50000、1:10000、1:5000、1:2000	泵房平剖面图	1:100、1:60、1:50、1:40、1:30
区域位置图	1:10000、1:5000、1:2000、1:1000	室内给水排水平面图	1:300、1:200、1:100、1:50
厂区（小区）平面图	1:2000、1:1000、1:500、1:200	给水排水系统图	1:200、1:100、1:50
管道纵断面图	横向1:1000、1:500、纵向1:200、1:100		或不按比例
水处理厂（站）平面图	1:1000、1:500、1:200、1:100	设备加工图	1:100、1:50、1:40、1:30
水处理流程图	无比例		1:20、1:10、1:2、1:1
水处理高程图	无比例	部件、零件详图	1:50、1:40、1:30、1:20、1:10
水处理构筑物平剖面图	1:60、1:50、1:40、1:30、1:10		1:5、1:3、1:2、1:1、2:1

3.10.3 标高

标高应该以 m 为单位,应注写到小数点后三位,在总平面图及相应的厂区、小区给水排水图中可以注写到小数点后两位。

沟道、管道应注明起止点、转角点、连接点、变坡点、交叉点的标高,沟道应该标注沟内底标高;压力管道宜标注管中心标高,室内外重力管道宜标注管内底标高;必要时,室内架空重力管道可以标注管中心高,但图中应加以说明。

室内管道应注明相对标高;室外管道应注明绝对标高,当没有绝对标高资料时可标注相对标高,但应与总图保持一致。

标高的标注方法应符合下列规定:在平面图、系统图中,管道标高应该按照图 3-16 的方法标注;在剖视图中,管道标高应该按照图 3-17 的方法标注;在平面图中,沟道标高应按图 3-18 的方法标注。

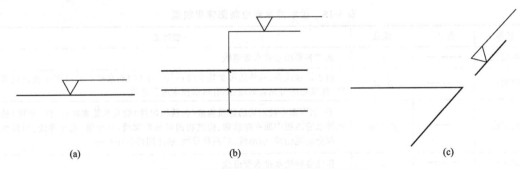

图 3-16 平面图、系统图中管道标高标注法

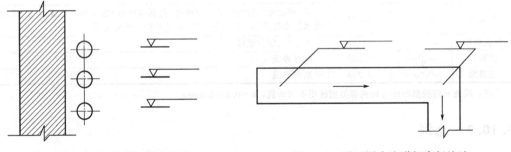

图 3-17 剖面图中管道标高标注法　　图 3-18 平面图中沟道标高标注法

3.10.4 管径

管径尺寸应以 mm 为单位,按图 3-19 方式标注低压流体输送用镀锌焊接钢管、不镀锌焊接钢管、铸造管、硬聚氯乙烯管、聚丙烯管等,管径应以公称直径 DN 表示,如 $DN50$;耐酸陶瓷管、混凝土管、钢筋混凝土管、陶土管(瓦缸管)等,管径应该以内径表示,如 $d400$;焊接钢管、无缝钢管等,管径应以外径×壁厚表示,如 $D120\times4$。

3.10.5 编号

当建筑物的给水排水进出口数量多于 1 个时,宜用阿拉伯数字编号,如图 3-20 所示。

建筑物内穿过一层及多于一层的立管,当其数量多于 1 个时,也应该用阿拉伯数字编号,并按照图 3-21 的形式标注。

图 3-19 管径标注法

图 3-20 给水排水进出口编号表示法　　　图 3-21 立管编号表示法

给水排水附属构筑物（包括阀门井、检查井、水表井、化粪池等）多于 1 个时也应编号，宜用构筑物代号后加阿拉伯数字表示，构筑物代号应采用汉语拼音字头，给水阀门井、排水检查井的编号顺序应采取从水源到用户、从上游到下游、先干管后支管的形式表达。

3.10.6 图例

图例包括管道连接图例、管道及附件图例、阀门图例、卫生器具及水池图例、设备及仪表图例 5 种，图例表达形式如表 3-17～表 3-21 所列。

表 3-17 管道连接图例

序号	名 称	图 例	序号	名 称	图 例
1	法兰连接		10	喇叭口	
2	承插连接		11	转动接头	
3	螺纹连接		12	管接头	
4	活接头		13	弯管	
5	管堵		14	正三通	
6	法兰堵盖		15	斜三通	
7	偏心异径管		16	正四通	
8	异径管		17	斜四通	
9	乙字管				

表 3-18　管道及附件图例

序号	名称	图例	说明	序号	名称	图例	说明
1	管道		用于一张图内只有一种管道	17	多孔管		
		——J—— ——P——	用汉语拼音字头表示管道类别	18	拆除管		
			用图例表示管道类别	19	地沟管		
2	交叉管		指管道交叉不连接,在下方和后面的管道应断开	20	防护套管		
				21	管道立管	XL　XL	X 为管道类别代号
3	三通连接			22	排水明沟		
4	四通连接			23	排水暗沟		
5	流向			24	弯折管		表示管道向后弯 90°
6	坡向			25	弯折管		表示管道向前弯 90°
7	套管伸缩器			26	存水弯		
8	菱形伸缩器			27	检查口		
9	弧形伸缩器			28	清扫口		
10	方形伸缩器			29	通气帽		
11	防水套管			30	雨水斗	YD	
12	软管			31	排水漏斗		
13	可挠曲橡胶接头			32	圆形地漏		
14	管道固定支架			33	方形地漏		
15	管道滑动支架			34	自动冲洗水箱		
				35	阀门套筒		
16	保温管		也适用于防结露管	36	挡墩		

表 3-19　阀门图例

序号	名称	图例	说明	序号	名称	图例	说明
1	阀门		用于一张图内只有一种阀门	21	消声止回阀		
2	角阀			22	蝶阀		
3	三通阀			23	弹簧安全阀		
4	四通阀			24	平衡锤安全阀		
5	闸阀			25	自动排气阀		
6	截止阀			26	浮球阀		
7	电动阀			27	延时自闭冲洗阀		
8	液动阀			28	放水龙头		
9	气动阀			29	皮带龙头		
10	减压阀			30	洒水龙头		
11	旋塞阀			31	化验龙头		
12	底阀			32	肘式开关		
13	球阀			33	脚踏开关		
14	隔膜阀			34	室外消火栓		
15	气开隔膜阀			35	室内消火栓(单口)		
16	气闭隔膜阀			36	室内消火栓(双口)		
17	温度调节阀			37	水泵接合器		
18	压力调节阀			38	消防喷头(开式)		
19	电磁阀			39	消防喷头(闭式)		
20	止回阀			40	消防报警阀		

表 3-20　卫生器具及水池图例

序号	名称	图例	说明	序号	名称	图例	说明
1	水盆水池		用一张图内只有一种水盆或水池	16	淋浴喷头		
2	洗脸盆			17	矩形化粪池		HC 为化粪池代号
3	立式洗脸盆			18	圆形化粪池		
4	浴盆			19	除油池		YC 为除油池代号
5	化验盆、洗涤盆			20	沉淀池		CC 为沉淀池代号
6	带箅洗涤盆			21	降温池		JC 为降温池代号
7	盥洗槽			22	中和池		ZC 为中和池代号
8	污水池			23	雨水口		
9	妇女卫生盆			24	阀门井、检查井		
10	立式小便器			25	放气井		
11	挂式小便器			26	泄水井		
12	蹲式大便器			27	水封井		
13	坐式大便器			28	跌水井		
14	小便槽			29	水表井		本图例与流量计相同
15	饮水器						

表 3-21　设备及仪表图例

序号	名称	图例	说明	序号	名称	图例	说明
1	泵		用于一张图内只有一种泵	6	管道泵		
2	离心水泵			7	热交换器		
3	真空泵			8	水-水热交换器		
4	手摇泵			9	开水器		
5	定量泵			10	喷射器		

序号	名称	图例	说明	序号	名称	图例	说明
11	磁水器	⊠		18	压力表		
12	过滤器			19	自动记录压力表		
13	水锤消除器			20	电接点压力表		
14	浮球液位器			21	流量计		
15	搅拌器			22	自动记录流量计		
16	温度计			23	转子流量计		
17	水流指示器			24	减压孔板		

3.10.7　图样画法

厂区或小区给水排水平面图的画法应该符合下列规定：建筑物、构筑物及各种管道的位置应与总平面图、管线综合图一致；图上应注明管道类别、坐标、控制尺寸、节点编号及建筑物、构筑物的管道进出口位置，如图 3-22 所示；当不绘制给水排水管道纵断面图时，图上应将各种管道的管径、坡度、管道长度、标高等标注清楚。

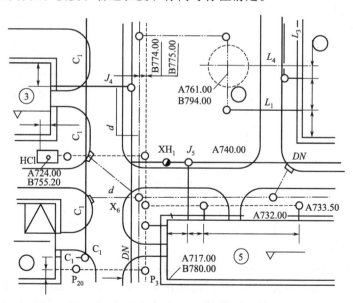

图 3-22　厂区给水排水平面图画法示例

高程图应表示给水排水系统内各构筑物之间的联系，并标注其控制标高，取水、净水高程图画法示例见图 3-23。

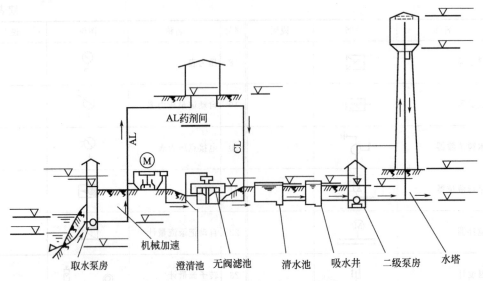

图 3-23 取水、净水高程图画法示例

管道节点图可不按比例绘制,但节点的平面位置与厂区或小区管道平面图应一致,如图 3-24(a) 所示。在封闭循环回水管道节点图中,检查井宜用平、剖面图表示,当管道连接高差比较大时宜用双线表示,如图 3-24(b) 所示。

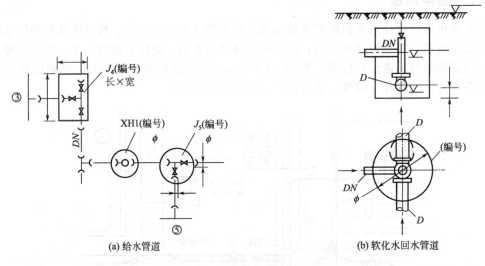

图 3-24 管道节点图画法示例

给水排水管道纵断面图中应标注地面线、道路、铁路、排水沟、河谷、建筑物、构筑物的编号及与管道相关的各种地下管道、地沟、电缆沟等的相对距离和各自的标高。一般压力管道宜用单粗实线绘制,如图 3-25 所示;重力管道宜用双粗实线绘制,如图 3-26 所示。

室内给水排水平面图应按直接正投影法绘制,建筑物轮廓线应与建筑专业一致,必要时可按安装于下层空间而为本层使用的管道绘制在本层平面图上,如图 3-27 所示。

屋面雨水平面图应标明雨水斗位置和每个雨水斗的集水面积,如图 3-28 所示。

给水排水系统图应按 45°正面斜轴测方法绘制,管道系统图的布置方向应与平面图一致,并按比例绘制,当局部管道按比例不易表达时也可不按比例,如图 3-29 和图 3-30 所示。

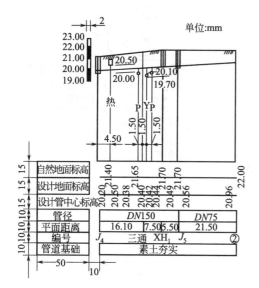

图 3-25 给水管道纵断面图画法示例

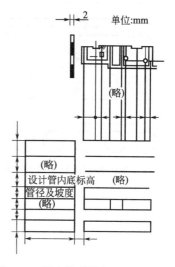

图 3-26 排水管道纵断面图画法示例

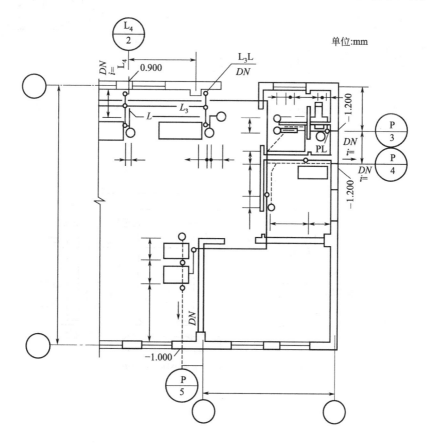

图 3-27 室内给水排水平面图画法示例

当管道、设备布置比较复杂，系统图不易表达清楚时，可以辅以剖面图，剖面图应按剖切面处直接正投影绘制，如图 3-31 所示。

工艺流程图可不按比例绘制，如图 3-32 所示。

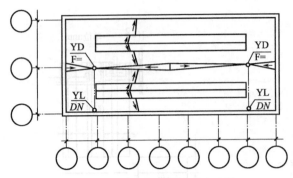

图 3-28 屋面雨水平面图画法示例

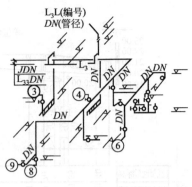

图 3-29 给水系统图画法示例

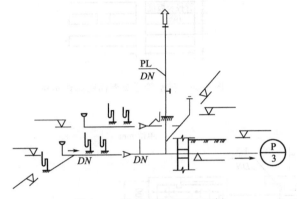

图 3-30 排水系统图画法示例

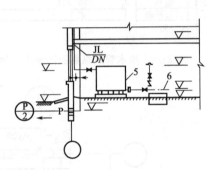

图 3-31 剖面图画法示例

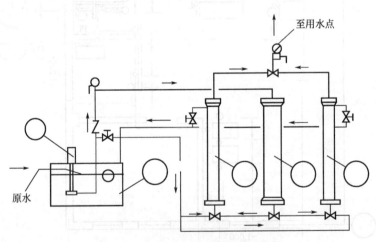

图 3-32 纯水后处理流程图画法示例

第4章 水处理工程CAD图的绘制方法与实例

4.1 水处理工程制图概述

4.1.1 水处理工程概述

水处理工程设计可分为工艺流程的确定、工程平面布置、设备选型、非标设备设计、管路布置等阶段，CAD技术在设计的各阶段的应用越深入、全面，对于提高设计效率和质量的作用就越大。

水处理工程包括给水处理工程和污水处理工程。其工程对象在原水性质、浓度以及对处理后水质的要求上有较大差异，致使给水处理和污水处理在处理工艺及其设备、管渠设置等方面各有特点。

（1）给水处理

给水处理的任务是通过必要的处理方法改善水质，使之符合生活饮用或工业使用所要求的水质标准，常用的处理方法有混凝、沉淀、过滤及消毒等，处理方法要根据水源水质和用户对水质的要求来确定。各种处理方法可单独使用，也可几种方法结合使用，以形成不同的给水处理系统。

城市给水处理以水中悬浮物和胶体杂质为主要对象，以满足生活饮用水标准为目的，而工业给水处理则根据工业生产工艺、产品质量、设备材料以及对水质的要求来决定处理工艺。如果水质要求不高于生活饮用水，则采用城市给水处理方法；而当生活饮用水水质不能满足生产工艺要求时，则需要对水做进一步的处理，如软化、除盐和制取纯水以及工业生产或空调系统所采用的循环冷却水、水质稳定等处理方法。

（2）污水处理

污水处理的任务是采用各种方法将污水中所含有的污染物分离出来，或将其转化为无害和稳定的物质，从而使污水得以净化，符合国家排放标准。常用的处理方法按其作用原理可分为物理处理、物化处理、生化处理等处理方法。由于生活污水和工业废水中的污染物是多种多样的，故对一种污水往往需要通过几种处理方法组成的处理系统才能达到处理要求。若按处理程度划分，污水处理可分为一级、二级和三级。一级处理的内容是去除污水中呈悬浮状态的固体污染物质，常以物理法实施；二级处理的主要任务是大幅度地去除污水中呈胶体和溶解状态的可生物降解的有机物（BOD），常采用生化法来处理。一、二级处理是城市污水处理常采用的，故又称常规处理。三级处理的目的在于进一步去除二级处理未能去除的污染物质，如微生物未能降解的有机物及能导致水体富营养化（地表水体污染的一种自然现象）的可溶性氮、磷化合物等。三级处理所使用的处理方法有生化处理中的生物脱氮法，物化处理中的活性炭过滤、混凝沉淀以及电渗析等。污水处理的典型工艺流程如图4-1所示。因为城市生活污水一般是以BOD物质为其主要去除对象的，因而处理系统的核心是生物处理构筑物及其设备（包括二次沉淀池）。

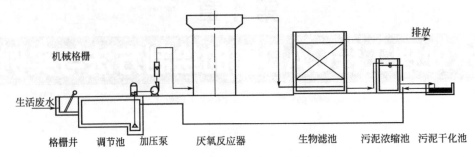

图 4-1 污水处理的典型工艺流程

至于工业废水的处理流程，必须根据水量、水质及去除的主要对象等因素，经过试验和调查研究加以确定。

图 4-1 所示的 CAD 制图方法：①首先用细线按一定的比例和位置绘制出各种单元，如格栅井、调节池、加压泵、厌氧反应器、生物滤池、污泥浓缩池、污泥干化池等，对于常用的设备或建筑单元，可以编制程序绘制，也可以制作常用图形库以备随时插入、调用；②通常采用多义线命令 Pline 绘制粗线将各个单元连接起来，注意对捕捉命令的熟练运用；③各种方向箭头处理，先用多义线命令绘制一个标准的箭头，并制作为图块，然后用插入命令 Insert 插入各种方向箭头图块（如果能够编制插入箭头的 Lisp 程序将会极大地提高作图效率）；④文字标注，通常设置仿宋体，调至适当的字高，宽高比为 0.75 左右，再用 Text、Mtext 命令写入即可。

4.1.2 水处理工程总图

水处理工程总体布置应包括平面布置和高程布置两方面内容。为确切地表达水处理工程的空间布局，必要时不仅要绘制工程的平面图和高程图，还要增绘相应剖面图，此外应有设计和施工要求等说明文字。图 4-2 所示为水处理工程平面图。

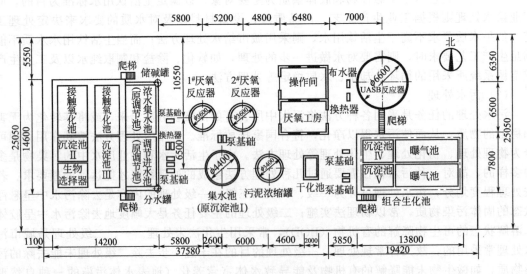

图 4-2 水处理工程平面图

水处理工程总平面图的比例及布图方向均按工程规模确定，以能够清晰地表达工程总体平面布置为原则，常用设计比例可参考设计手册。其制图要求和建筑总平面图一致，应包括坐标系统、构筑物、建筑物、主要辅助建筑物平面轮廓、风玫瑰、指北针等，必要时还应包括工程地形登高线、地表水体和主要公路、铁路等内容，以及该工程的主要管（渠）布置及相应的图例。总平面图标注应包括各个构筑物、建筑物名称、位置坐标，管道类别代号、编号，所有室内设计地面标高。水处理工程总平面图的CAD制图方法通常如下。

① 制作并选择适当的模板图。

② 复制或绘制水处理工程所在区域的地形图，以清楚图示水处理工程全局为原则，缩放至合适的比例。

③ 画水处理构筑物和主要辅助建筑物的平面轮廓，先绘制标注基准部分，再偏移（Offset）出其壁厚、挑檐等。

④ 布置各种管渠。

⑤ 画道路、围墙等次要部分。

⑥ 画图例，构筑物、建筑物编号、列表。

⑦ 布置应标注的坐标、尺寸及说明文字。

⑧ 确定纸面布局、打印输出。

水处理高程图无严格的比例要求，为阅读方便，通常采用纵横不同的比例，横向按平面图的比例，纵向比例为（1:50）~（1:100）设置，若局部无法按比例绘制，也可采用更自由的方法。高程图采用最主要、最长流程上的水处理构筑物、设备用建筑的正剖面简图和单线管道图共同表达流程及沿程高程变化，必要时流程支路需要增加局部剖面图加以说明。

高程图管路均用0.7~1mm线宽的多义线绘制，在管线中插入阀门及控制点等符号时，最好先将这些图形制作成图块，插入后用修剪命令将多余线条剪掉，也可以开发合适的AutoLisp程序或线型完成，具体方法请读者参照AutoCAD 2012软件二次开发内容。高程图标示为绝对标高，主要标注管、渠、水体、构筑物、建筑物内的水面标高，通常用管路高程图代替高程总图能够满足施工的需要。该图中还应包含管道类别代号、编号及必要的文字说明，图4-3所示为水处理管路高程图。

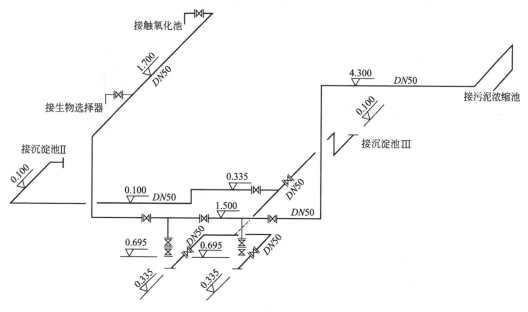

图4-3 水处理管路高程图

水处理管路高程图的制图步骤如下。

① 选比例，按前述图面要求布置图面。

② 绘水处理构筑物、设备用房的正剖面简图及设备图例。
③ 画连接管渠及水体。
④ 画水面线、设计地面线等。
⑤ 布置应标注的标高和说明文字。
⑥ 确定纸面布局。

4.1.3 水处理构筑物及设备工艺图

水处理设施种类繁多，而且其中很大一部分是构筑物和非标设备，如图 4-4 所示，但这些构筑物和非标设备多采用经验设计，难以实现参数化绘图，这无疑增加了设计人员的绘图工作量。

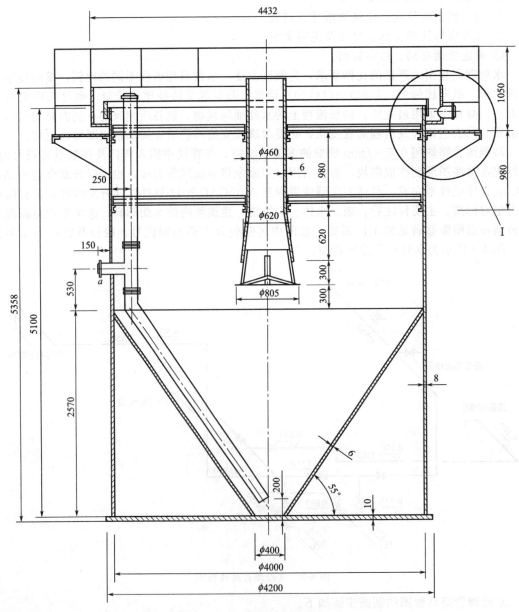

图 4-4 竖流式二沉池剖面图

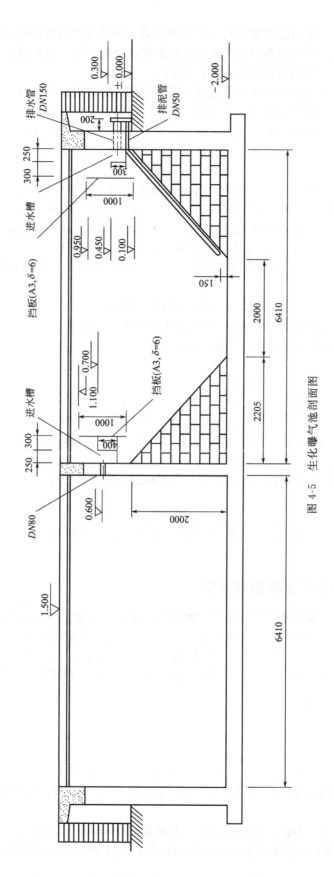

图 4-5 生化曝气池剖面图

对于这种情况，大家可以依靠平时工作中的积累，将以往绘制的各种常用非标设备的图集保存好，今后再用到相似设备时将其调入，稍加修改就能使用。如果没有现成的图可以参考，那只有熟练掌握 CAD 软件制图方法与技巧了。

水处理构筑物以各种水池居多，水池通常形状规则，通常采用多线命令 Mline 绘制，其中的钢筋混凝土采用合适的剖面线图案填充，用 1:1 比例，设好各图层、线型比例 Ltscale、文字大小、尺寸标注的总体比例，制作成合适的模板图，加之 CAD 制图的娴熟技巧，很快就能绘制完成，最后确定出图缩放比例，预览无误后即可出图。图 4-4 所示为竖流式二沉池剖面图。

水处理构筑物及设备工艺图的绘制一般是先画构筑物平面图（或位于 H 投影位置的剖面图），然后画相应的剖面图，最后根据需要画出必要的详图。在画构筑物平、剖面图及其详图时一般先画构筑物，然后再画管道、渠道，如图 4-5 所示。具体步骤如下。

① 选用具有适当文字样式、标注总体比例、线型比例等的模板图。
② 根据构筑物工艺流程及其形体特征决定布图方向，选择剖切位置，初步确定剖面图数量。
③ 视所绘构筑物的复杂程度选平、剖面图的适当比例。
④ 按照所选比例及构筑物的特点估计自绘非标准详图的数量。
⑤ 根据图形数量及其大小确定图幅，布置图面。
⑥ 检查，布置标注。
⑦ 编号、列表、标注、书写文字。
⑧ 根据比例确定图纸布局，观察预览图并修改不恰当的填充比例、文字样式等。

从 4.2 部分开始将以 CAD 实际制图实例的方式具体介绍常用各种水处理图形的绘制方法，请读者注意，这些图形的绘制方法往往不止一种，本书只是给出了其中的一种或几种方法的实例供读者参考而已，且需要读者细心揣摩、仔细思考。无论多么复杂的二维图形，都需要工程设计人员对 CAD 软件的熟练应用、对工程图形透彻的分析，加上耐心和细致。

4.2 某污水处理厂总平面图

4.2.1 某污水处理厂总平面图说明

图 4-6(a) 是某污水处理厂总平面图。此例比较复杂，可分为 4 个部分绘制，分别为左上部图 4-6(b)、左下部图 4-6(c)、右部图 4-6(d)、构筑物一览表图 4-6(e)。用到了 Array、Rectangle、Fillet、Polygon 等命令，并采用了 Trim、Offset、Pedit、Rotate、Mirror、Extend 等命令作为编辑命令，在一些部分还运用了 AutoLisp 程序来实现快捷的作图。

4.2.2 实例绘制步骤

(1) 前期准备工作
① 设置图层（用 Layer 命令）
a. 粗轮廓线层，白色，线宽 0.5mm；b. 细线层，白色，线宽 0.2mm；c. 虚线层，黄色，线宽视图需要而定；d. 中心线层，红色，线宽为 0；e. 标注和文字各设一层，分别为天蓝色和粉色。
② 从 Toolbar 中调出标注（Dimension）和捕捉（Obsnap）工具栏 s。
③ 设置字体：单击下拉菜令 Format、TextStyle，在 TextStyle 对话框的 StyleName 中建

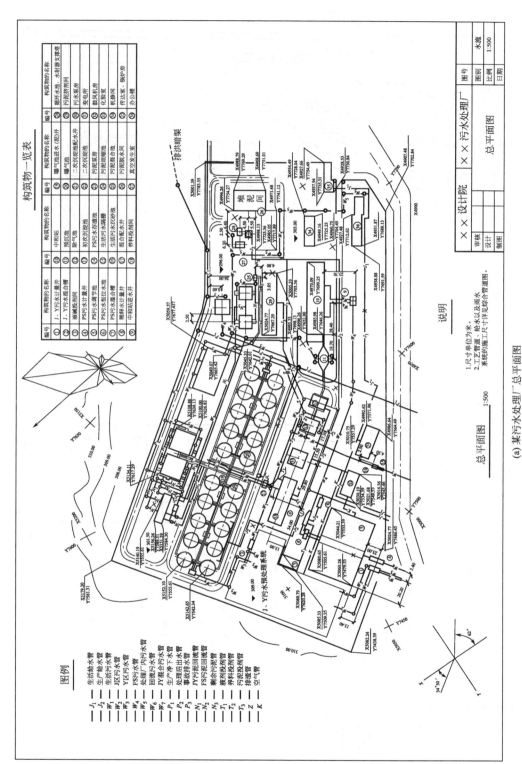

(a) 某污水处理厂总平面图

图 4-6

第 4 章 水处理工程 CAD 图的绘制方法与实例

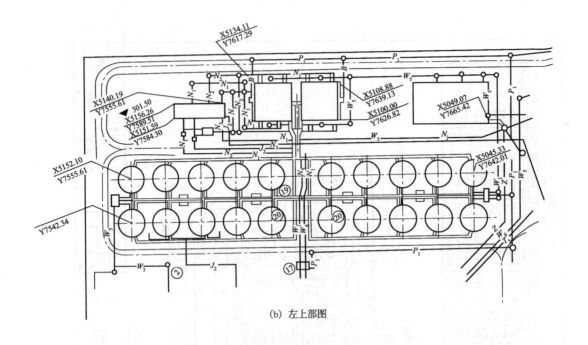

(b) 左上部图

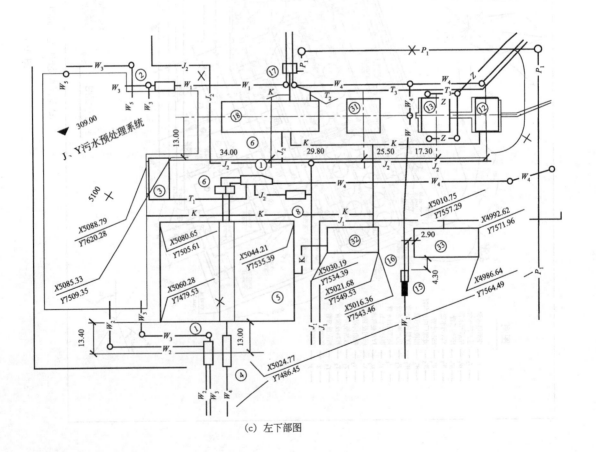

(c) 左下部图

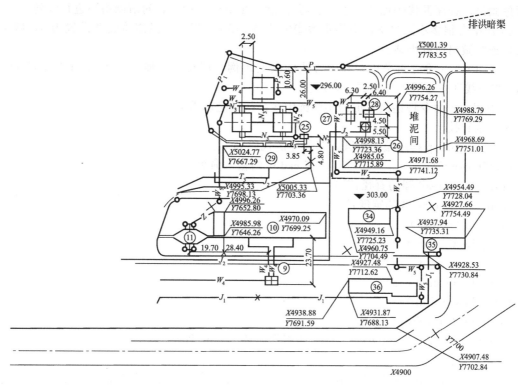

(d) 右部图

构筑物一览表

编号	构筑物的名称	编号	构筑物的名称	编号	构筑物的名称	编号	构筑物的名称
①	J、Y污水计量井	⑩	中和站	⑲	曝气池进水(泥)井	㉘	循环水池、水射器支撑塔
②	J、Y污水混合槽	⑪	预沉池	⑳	曝气池	㉙	污泥挤剂间
③	液碱投剂间	⑫	除气池	㉑	二次沉淀池配水井	㉚	污水泵房
④	FS污水计量井	⑬	初次沉淀池	㉒	二次沉淀池	㉛	变电所
⑤	FS污水调节池	⑭	FS污水存渣池	㉓	污泥泵房	㉜	鼓风机房
⑥	FS污水恒位水池	⑮	生活污水隔栅	㉔	污泥浓缩池	㉝	化验室
⑦	FS污水混合槽	⑯	生活污水沉砂池	㉕	污泥混合池	㉞	机修间
⑧	稀释水计量井	⑰	混合配水井	㉖	污泥脱水间	㉟	传达室、锅炉房
⑨	中和站进水井	⑱	养料投剂间	㉗	真空发生室	㊱	办公楼

(e) 构筑物一览表

图 4-6 某污水处理厂平面总图

立两种字体样式,命名为宋体 ST 和仿宋 FS。ST 为宋体;FS 为仿宋字体,将其 TextStyle 中的 Oblique Angle 倾斜角设为 S 度,使字体倾斜。

(2) 左上图的绘制 [如图 4-6(b)]

① 用 Pline 命令画出轮廓线以及图中所示的细线,对应各自的线宽,对需要倒出圆角的部位用 Fillet 命令倒出圆角;用 Rectangle 命令做出图中矩形,用 Polygon 命令做出图中正方形,然后再用 Pedit 命令中的 Width 编辑矩形和正方形的线宽,是其线宽为 0.5mm。

② 用 Pline 命令画出管道,线宽为 0.5mm。对于 20 个小粗圆,可用 AutoLisp 语言编

写程序画出，程序源代码见"注意与技巧"。然后用 Array 命令，对所画粗圆进行阵列。

③ 图中有很多小圆接头，应用步骤②中的 AutoLisp 程序，只需将线宽设置为 0，即可一次性连续做出所有小圆。

④ 用 Ltscale 命令调节虚线和中心线的线型比例，用动态延伸 Lengthen 命令中的 Dynamic 将虚线和中心线的长短调节合适。

⑤ 用 Trim 命令将连接管道的小细圆中多余线条全部剪去。

＊注意和技巧

a. 用 AutoLisp 程序绘制粗圆，其程序源代码如下。

(defiin c:cy()；   在 cad 中的输入命令
(setq d (getreal"圆的直径:"))
(setq w (getreal"线的宽度:"))
(setq dn (-dw))
(setq dw (+dw))
(setq dn (rtos dn22))
(setq dw (rtos dw22))
(setq dn (atof dn))
(setq dw (atof dw))
(command"donut"dn dw)   ;调用作圆环 Donut 命令
)

b. 可以看到图中粗圆以及和其相连的细线部分可分为对称的 4 个部分，因此再用 Array 阵列粗圆时，只阵列出左上角的 5 个圆，然后画出与之相连的细线，再连用两次 Mirror 命令做出其他部分。

c. 在画 Pline 线和矩形时，要熟练的运用相对坐标和极坐标。用 Obsanp 捕捉命令辅助，可以精确地定位。

d. 从图 4-6(a) 中可以看到，该部分应是与水平面 20°倾斜，而在图 4-6(b) 中画成了水平放置，这样就可以不必输入极坐标角度参数。待作图全部画完，再用 Rotate 命令将图顺时针旋转 20°即可。

(3) 绘制左下图 [如图 4-6(c)]

① 用 Rectangle 命令做出 J、Y 污水预处理系统和其他矩形，然后用 Pedit 命令中的 Width 编辑矩形和正方形的线宽，是其线宽为 0.5mm。

② 用 Pline 线画出管道，线宽为 0.5mm，再连接图中的矩形。

③ 画出小圆接头，用 Trim 命令去掉圆中多余的线条。

(4) 绘制右部图 [如图 4-6(d)]

① 用 Rectangle 命令做出堆泥间和其他矩形，用 Polygon 命令做出正方形。

② 用 Pline 线画出管道，线宽为 0.5mm，再连接图中的矩形和正方形。

③ 画出小圆接头，用 Trim 命令去掉圆中多余的线条。

(5) 绘制一览表 [如图 4-6(e)]

① 绘制表格。先用 Rectangle 命令做出框架，再用 Pedit 命令设置其线宽为 0.5mm。用 Array 命令做出所有的横格，用 Offset 做出竖格。

② 文字的输入：画出小圆。输入 text，出现 specify start point of textor [justify/style] 提示，输入 S 回车，选择前面已经设好的字体类型，用 ST（宋体）输入汉字，FS（仿宋字体）输入英文和数字。

＊注意和技巧：写出小圆正中的字仍旧可利用绘制图 4-3 中的 AutoLisp 程序完成，读

者可参阅。

(6) 标注

① 标注设置。单击 Format 菜单的 Dimension Style 出现一个对话框，单击 new 新建一个标注类型命名为"某污水处理厂总平面图的标注"。在新建的主尺寸标注下新建尺寸、角度两个副标注项，在所建的一个标注按图设置各个选项卡，进行调试（具体请参照第 2 章）。

② 进行标注。用调出的 Dimension 工具栏进行标注，本例主要用到了 Linear Dimension 和 Continue Dimension 对图进行标注。

③ 十字线的做法。对图中的大量十字线可以用 Line 命令配合 Rotate 命令做出，在下文中给出了简便方法。

④ 绘制▼形状的高度符号。可以先用 Pline 做出三角形，再输入 Hatch 命令出现一个对话框，单击 Quick 选项片里的 Swatch，在出现的填充图案类型中选择 Other Predefined 中的 Solid，对三角形进行填充，最后将其用 Wblock 命令做成块，保存为 .dwg 文件，即可作为高度符号用 Insert 命令反复插入所需位置。

⑤ 用 Trim 或 Break 命令将与标注重合的线条去掉。

a. 对于图中的十字线，每一个都做出十分麻烦，这里给出两个不同的 AutoLisp 程序予以解决，程序代码如下。

```
(defun c:szx1();                          定义十字线
    (setq p0 (getpoint"十字线交点"))       ;由用户给出点
    (setq ld (getdist"n 十字线长度))        ;给出十字线长度
    (setq ld (*0.5 ld))                    ;十字线长度减半
    (setq p1 (polar p0 pi ld))             ;求 p1
    (setq p2 (polar p0 0 ld))              ;求 p2
    (setq p3 (polar p0(*0.5pi)ld))         ;求 p3
    (setq p4 (polar p0(*-0.5pi)ld))        ;求 p4
    (command"line"p1 p2""f·line"p3 p4"");连接 p1 p2,p3 p4
)
```

此程序适合制作水平的十字线。

```
(define c:szx2()
    (setq p0 (getpoint"十字线第一点"))
    (set p1 (getpoint p0"、n 十字线第二点"))
    (setq ld 0.5(distance p0 pi)))
    (setq ang(angle p0 p1)
    (seiq p2 (polar p0 (+pi ang) ld))
    (setq p3 (polar p0 ang ld))
(setq p4 (polar p0(+(*—0.5 pi)ang)ld))
(setq p5 (polar p0(+(*0.5 pi)ang) ld))
(command"line"p2 p3""line"p4 p5"")
)
```

此程序适合制作任意角度的多义线。

读者可根据具体情况选择合适的一种，以上程序使用方法请参考第 7 章。

b. 由于左半图呈水平倾斜 20°，对于做出其中的文字和标注带来很大的麻烦，因此建议在图 4-6(b) 和图 4-6(c) 绘制完成后就进行书写。绘制完成的总图如图 4-6(a) 所示。

4.3 污水处理高程图

4.3.1 污水处理高程图实例说明

图 4-7 是污水处理高程总图。绘制该图用到的主要命令有 Pline、Dtext、Polygon、Arc、Block、Offset、Bhatch 等。将图 4-7(a) 分割为 4 部分，分别见图 4-7(b)、图 4-7(c)、图 4-7(d)、标注图 4-7(e)。

4.3.2 实例绘制步骤

(1) 创建图层，线型，颜色

打开图层对话框，点击新建 new 钮。分别建立层、颜色、线型。

具体要求如下：①字层，粉色；②轮廓线层，白色；③细线层，白色；④虚线层，黄色；⑤尺寸层，天蓝；⑥中心线层，红色。

(2) 创建图框，标题栏。绘制采用 Pline、Line 命令，尺寸根据国标要求。

① (打开正交 Ortho) 输入 line，依据尺寸画细边框线。

② (换到轮廓线层) 输入 pline，用相对坐标（@X，Y），依据尺寸画粗边框线，线宽 0.5mm。标题栏内部线用 Line 和 Offset 命令绘制。

③ 用 Trim 命令修剪多余的线条。

④ 文字使用 Dtext 命令录入。

(3) 关于污水处理高程图左部绘制方法 [如图 4-7(b)]

① 画矩形。(换至粗轮廓线层) 用 Pline 命令画，指定起点，输入长度，注意封口，多次绘制即可。或采用 Rectangle 命令绘制。

＊注：凡画斜线部分，先确定起点再指定角度，例如 45°输入＜45 以便确认方向，再输入长度值。

② FS 污水混合槽画法。输入 pline，用相对坐标（@X，Y）指定起点，输入长度画矩形。再次用相对坐标（@X，Y）画其中的一条直线，输入 Offset 命令，指定偏移距离以及方向完成设备的绘制。

③ 石灰石部分的画法。用 Pline 命令、Arc 命令绘制封闭区域，采用 Bhatch 命令，指定封闭区域，选定剖面线图案 ar-sand，比例 0.4，角度 0，填充至如图 4-7(b) 所示。

④ 管道绘制。采用 Pline 命令，设置线宽为 0.5mm，依图顺次连接上述设备，在连接过程中多余的线条采用 Break、Trim 命令去掉。

(4) 关于污水处理高程图中部绘制方法 [如图 4-7(c)]

该图绝大部分的绘制方法同图 4-7(b) 基本相似，在此仅对初次沉淀池的绘制方法说明如下。

① (观察此设备左右两部分对称) 采用 Line 线命令，画出左部分的外轮廓线，其中斜线部分的绘制方法已说过，这里不再赘述。

② 使用 Mirror 镜像命令绘制右半部分。

(5) 关于污水处理高程图

高程图右部绘制方法与图 4-7(b)、图 4-7(c) 基本相同，这里仅对污泥脱水间的绘制方法说明 [如图 4-7(d)]。

① 使用 Line 命令绘制外轮廓线。

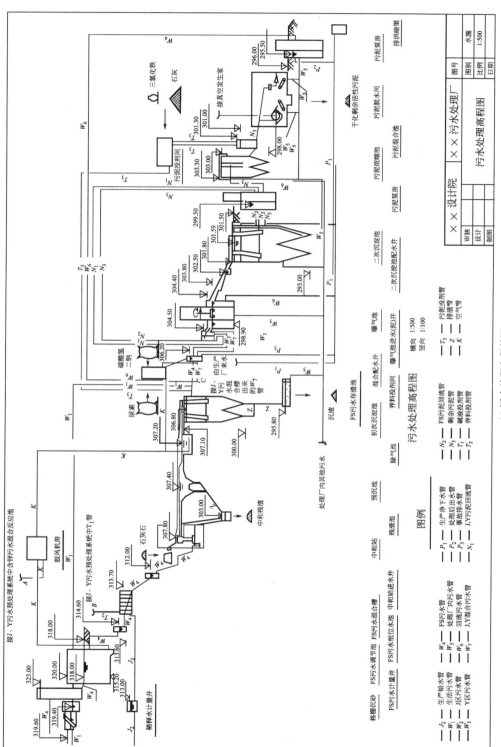

(a) 污水处理高程总图

图 4-7

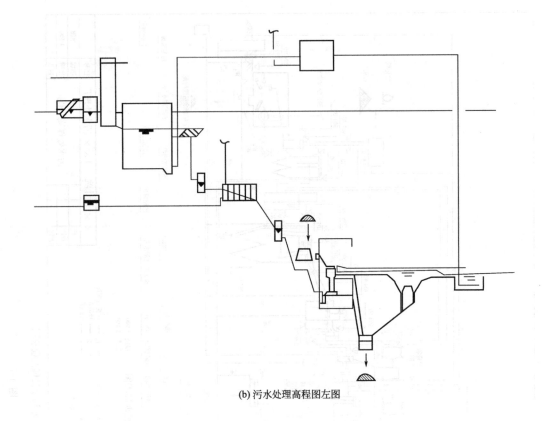

(b) 污水处理高程图左图

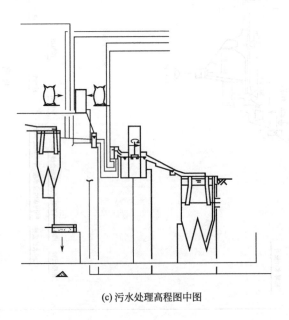

(c) 污水处理高程图中图

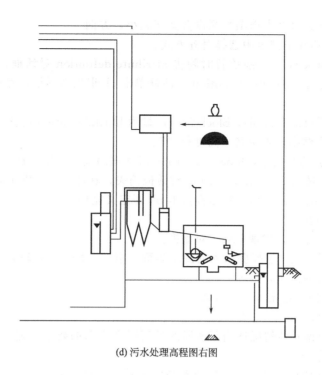

(d) 污水处理高程图右图

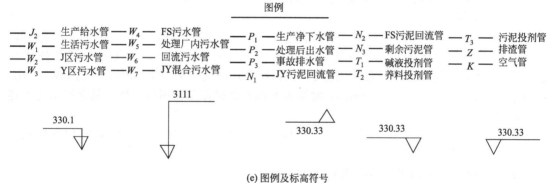

(e) 图例及标高符号

图 4-7　污水处理高程总图

② 污泥脱水间内设备的绘制：用 Pline、Donut 圆环命令绘制。
③ 其他部分与上述部分的绘制基本相同。
④ 绘制完所有设备后，使用 Pline 命令连接各设备。
⑤ 用 Break 或 Trim 修剪多余线条。
(6) 关于图中的高度符号的绘制方法［如图 4-7(e)］
采用带属性块的方法，定义属性块的方法如下。
① 首先用 Line 命令依据图示尺寸做出高度符号。
② 定义属性文字的方法，具体步骤如下。
点击下拉菜单中的 drawing \ block \ attribute definition，出现 attribute definition 对话框。
　a. 在文本框 tag 中输入标签属性 RA。
　b. 在文本框 prompt 中输入提示属性 "输入高度 RA 的值"。
　c. 在文本框 value 中输入值属性 X。

d. 在 text option（文本选项）区设置文字大小，方向。
　　e. 在 justification 下拉表中选择对齐方式。
　　f. 单击按钮 pick point，系统暂时隐去 attribute definition 对话框，在画好的高度符号中选择插入点，出现 attribute definition 对话框单击 ok 退出对话框，完成属性定义。
　　③ 定义块
　　a. 单击定义图块命令按钮或 Block 命令，显示 blockdefinition 对框。
　　b. 在块名文本框中输入块名"高度符号"。
　　c. 点击选择点 pick 按钮，block definition 对话框消失，在图中选择图块的基点。
　　d. 点击 select 按钮，block definition 对话框消失，在图中选择整个高度符号以及定义的属性文字，回到 block definition 对话框点击 ok 即定义完毕。
　　④ 插入块的方法
　　a. 输入 Insert 命令，出现 insert 对话框。
　　b. 从 name 下拉表中选择要插入的图块名称。根据属性提示，输入相应的高度数值。
　　c. 确定插入块的比例，角度。
　　d. 单击 ok 按钮，退出 insert 对话框。
　　e. 给出插入点。
　　f. 插入完后依据具体情况适当调整线的长度以适应图的要求（通常采用 Explode 爆炸，Lengthen 延长等命令）。
　　g. 反复使用图块插入命令，完成所有高度符号的绘制。
　　(7) 文字标注
　　① (换至文字层) 输入 Dtext，依次指定字的起点、字高、旋转角度、键入文字的内容。
　　② 实现不同字体的方法。本图中汉字采用了仿宋体、宋体，西文采用了长仿宋体 gdt.shx 字体，首先用 Style 命令设置这三种字型分别为 FS、ST、CFS，在出现 specify start point of text or [justify/style]：时输入 S 调整临时需要使用的字体，其余提示与上述 (1) 相同。
　　*注意：图中带下划线的注释文字要与图中设备一一对齐。文字也需要在下划线上居中。
　　③ 文字标注也可以采用 AutoLisp 程序完成。
　　(8) 图例部分的绘制 [如图 4-7(e)]
　　① (换至粗线层) 使用 Pline 命令，依据图示尺寸绘制直线。
　　② 用 Break 命令，打断直线。
　　③ 使用 Array 阵列命令绘制其余直线。
　　④ 使用上述 (7) 中介绍的方法录入文字。
绘制完成的总图如图 4-7(a) 所示。

4.4　曝气池工艺图

4.4.1　曝气池工艺图说明

　　图 4-8 是曝气池工艺图的总图，总图可分为 4 个部分。图 4-8(b) 是其主视图"1—1 剖面展开图"，图 4-8(c) 是"2—2 剖面图"，图 4-8(d) 是其俯视图"平面图"，图 4-8(e) 是"管件及主要设备一览表"；本例用到了很多绘图命令，如 Array、Mirror、Offset、

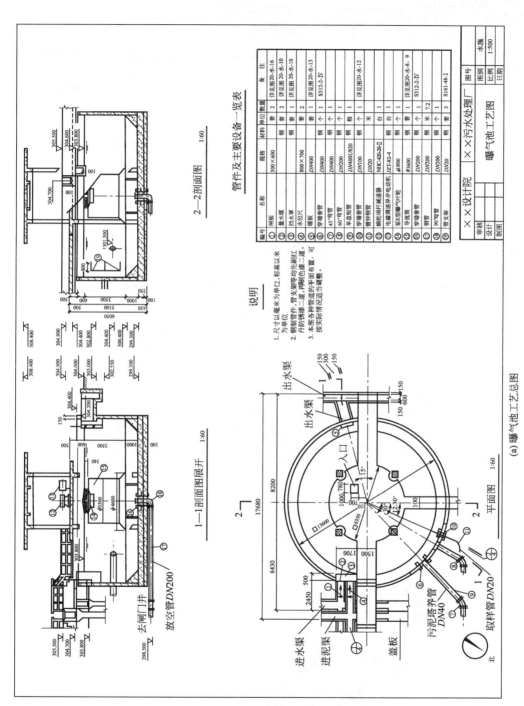

(a) 曝气池工艺总图

图 4-8

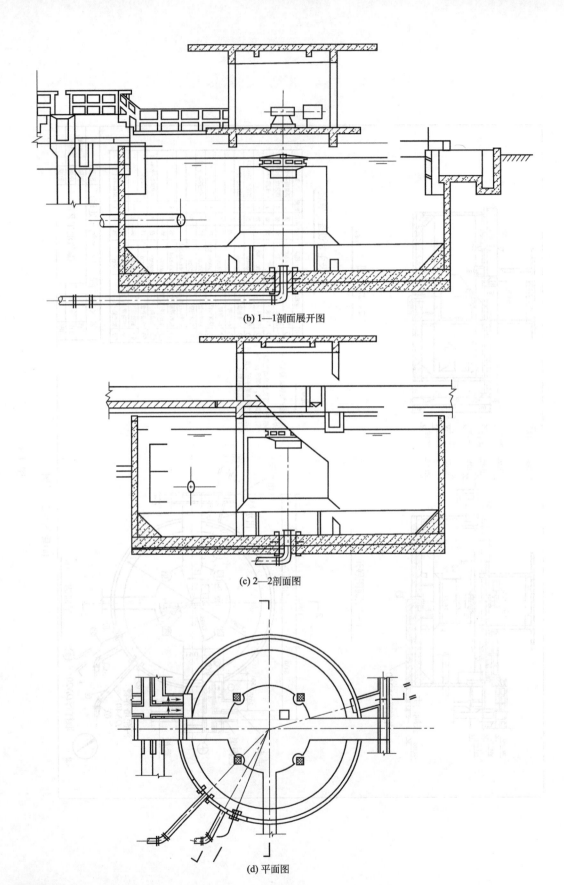

(b) 1—1剖面展开图

(c) 2—2剖面图

(d) 平面图

管件及主要设备一览表

编号	名称	规格	材料	单位	数量	备注
①	闸板	500×600		套	2	详见图20-水-16
②	量水堰		钢	套	2	详见图20-水-10
③	挡水罩		钢	套	1	详见图20-水-10
④	水位尺	800×700		套	2	
⑤	堰板	$DN400$		套	1	详见图20-水-13
⑥	穿墙套管	$DN400$	钢	个	1	S312-2-Ⅳ
⑦	45°弯管	$DN400$	钢	个	1	
⑧	60°弯管	$DN200$	钢	个	1	
⑨	单盘短管	$DN400U820$	钢	根	1	
⑩	穿墙套管	$DN100$	钢	个	1	详见图20-水-12
⑪	镀锌钢管	$DN20$		米		
⑫	蜗轮蜗杆减速器	NHC-420-20-Ⅱ		台	1	
⑬	电磁调速异步电动机	JZT-82-4	钢	台	1	
⑭	泵E型曝气叶轮	$\phi 1800$	钢	个	1	
⑮	导流筒	$\phi 3600$	钢	套	1	详见图20-水-8、9
⑯	穿墙套管	$DN200$	钢	个	1	S312-2-Ⅳ
⑰	钢管	$DN200$	钢	米	7.2	
⑱	90°弯管	$DN200$	钢	个	1	
⑲	管支架	$DN20$	钢	套	3	S161-48-Ⅰ

(e) 管件及主要设备一览表

图 4-8 曝气池工艺总图

Rectangle、Trim、Xline 等，对于轮廓线的编辑应用了 Pedit 命令，其中还用到了一些实用的 AutoLisp 程序来实现绘图。

4.4.2 实例绘制步骤

(1) 前期准备工作

① 设置图层（用 Layer 命令）：a. 轮廓线层，白色，线宽 0.5mm；b. 细线层，白色，线宽 0.2mm；c. 虚线层，黄色，线宽视图需要而定；d. 中心线层，红色，线宽为 0；e. 标注和文字各设一层，分别为天蓝色和粉色。

② 单击下拉菜单 View，调出 Toolbar 对话框调出标注和捕捉工具栏。

③ 设置字体。单击下拉菜单 Format \ TextStyle，在 TextStyle 对话框的 StyleName 中建立 两种字体样式，命名为宋体 ST 和仿宋 FS。ST 为宋体；FS 为仿宋字体，并将其 TextStyle 中的 ObliqueAngle 倾斜角设为 8°，使字体倾斜。

(2) 绘制"1—1 剖面图展开"[如图 4-8(b)]

① 用 Pline 多义线勾勒出曝气池的外轮廓线，线宽为 0.5mm；图中的细轮廓线都是线宽为 0.2mm 的 Pline 线。

② 该图左上部的几个连续矩形可以用 Array 命令实现，具体做法是：用 Rectangle 命令画出 1 个矩形，用 Pedit 将其线宽编辑为 0.2mm（或用 0.2mm 的 Pline 线做出矩形），再输入 Array 命令，选择 R（矩形方式）进行矩形阵列，输入阵列行数、列数、行间距、列间距。对于图 4-8(b) 左上角中的平行四边形，可用 Stretch 命令将矩形拉伸成平行四边形，注意执行该命令必须用 Cross 窗口选择物体（或者用 Pline 线大概描出平行四边形）。

③ 填充图案：单击 Draw 菜单中的 Hatch 命令，出现一个对话框，单击 Quick 选项卡里的 Swatch，在出现的填充图案类型中选择 ANSI 中的 ANSI31（金属线）和 Other Predefined 中的 AR-CONC（混凝土），对图中所需填充部位先后进行填充。

④ 对于部件 18（直角弯管）用 Fillet 命令进行倒角，先对倒角的半径进行设定，再倒角，在这里所倒的弯管是多义线，因此在 AutoCad 出现" Select first object or ［PoIyline/Radirs/Trim］:"的提示时，选择"Polyline"可将多义线一次倒完。

* 注意和技巧

a. 在定位 Pline 线的端点时，应用 Obsnap（用 F3 切换）工具栏里的端点捕捉、交点捕捉以及相对坐标捕捉命令。

b. 填充图案要选择合适的比例，小于 1 的是使图案加密，大于 1 的是使图案变疏。在填充时，可将不必要的线型在 Layer 层中暂时关闭，以免使填充边界复杂。

c. 可以观察到图中很多地方是对称的，因此灵活运用 Mirror 命令可以使作图事半功倍。

d. 用 Ltscale 命令调节虚线和点划线的线型比例，用动态延伸 Lengthen 命令中的 Dynamic 将虚线和点划线的长短调节合适。

(3) 绘制"2—2 剖面图"［如图 4-8(c)］

要画法同主视图并无什么不同，仔细的读者可以发现两幅图有许多相似，填充图案也相同，因此可用 Copy 命令在正交（用 F8 切换）打开的情况下将"1—1 剖面图"复制，然后用 Erase 和 Trim 命令修饰，再用 Pline 线将剖断线画出，最后补全不同之处即能将该图较为简单地画出。

(4) 绘制"平面图"［如图 4-8(d)］

① 再建立新图层，命名为构造线层，绿色，线宽为 0。

② 用构造线 Xline 命令从"1—1 剖面图"做出构造线，如图 4-8-3 所示。这样就可以方便地确定图中圆的半径和许多部位的长及宽。

③ 在构造线段的辅助下画出图形中的圆及轮廓线：用 Polygon 画出正方形"人孔"后，再用 Pedit 命令编辑其线宽。

④ 对于部件图 4-8(e) 中⑦、⑧、⑨处的倒角用 Fillet 命令设定半径，倒出圆角。

⑤ 用 Rectangle 命令做出填充矩形，填充图案同图 4-8(b)，再用 Mirror 镜像出其余三个矩形。

* 注意和技巧

a. 用 Trim 和 Extend 命令修饰图形。

b. 灵活运用捕捉辅助命令。

c. 可以将图中法兰和箭头用 Wblock 做成块以 dwg 格式保存。这样可以反复用 Insert 命令插入到所需地方。

(5) 绘制图 4-8(e)"管件及主要设备一览表"

① 表格的绘制。先用 Rectangle 命令做出框架，再用 Pedit 命令设置其线宽为 0.5。用 Array 命令做出所有的横格，用 Offset 做出所有竖格。

② 文字的输入。输入 Text 命令，出现 specify start point of text or ［justify/style］提示，输入 S，选择已经设好的字体类型，用 ST（宋体）输入汉字，用 FS（仿宋字体）输入英文和数字。

* 注意和技巧：

用 Circle 命令做出小圆，在小圆正中书写数字，而把字写在圆正中是很麻烦的，可以利用 AutoLisp 程序解决，以下是在圆正中写字程序源代码。

(deftun c:xz()   ;命令名称设为 xz

```
(setvar "osmodc" 512);置捕捉方式
(setq pn(getpoint"\nPlease select a circle:"));捕捉圆上一点
(setq pc(osnap pn "cen"));捕捉圆心
(setq d(distance pc pn));求半径的长度
(setq st(getstring"\nPlease input a string:"));输入要标注的文字
(command "text" "j" "mc" pc d 0 st);把文字标在圆心处
)
```

在 AutoLisp 程序中每一句后面的分号起控制作用,将后面的解释语句隔离,这个程序效果很好,读者不妨试试。

(6) 标注

① 标注设置。单击 Format 菜单的 DimensionStyle 出现一个对话框,单击 new 新建一个标注类型,命名为"曝气池尺寸标注"。在新建的主标注下新建尺寸、角度、半径、直径四个标注项,在所建的五个标注按图设置各个选项片(具体设置方法请参考第 2 章内容)。

② 标注方法。用 Dimension 标注工具栏对图形进行标注。

③ 绘制标高符号。用 Pline 线做出图中三角标高图案,在 fe 高符号上书写数字,最后用 Wblock 命令做成块,再反复用 Insert 命令插入图中所示位置(选中 explode 复选框将标高分解),用 Dedeit 命令改写标高上的数字。

④ 画出指北方向标。用 Circle 命令做出圆,用 Pline 命令从圆上一点向另一端做线,用 Width 命令设置线宽,起点线宽为 0,端点线宽为 1。

*注意和技巧

a. 进行线性标注时,按 F8 将正交模式打开,可以使标注保持垂直或水平。

b. CAD 软件标注的数字可能与实际数字不同,此时输入 Ddedit 命令,即出现一个个可以改写标注文字的对话框,在对话框中将原来的字删掉,写出实际数字,点击 ok 即可。还有一种方法,就是用 Explode 命令将标注炸开,使数字和箭头分离,然后用 Erase 命令擦除数字,再用 Text 命令重新书写。

c. 三角形标高有四种类型,分别做成块,再反复用 Insert 命令插入,适当编辑即可。绘制完成的总图如图 4-8(a) 所示。

4.5 二次沉淀池工艺图

4.5.1 二次沉淀池工艺图说明

图 4-9 是二次沉淀池工艺总图,用到的主要命令有 Pline、Dtext、Polygon、Arc、Block、Offset、Bhatch、Mirror 等。图中览表如图 4-9(b),图 4-9(a) 分为图 4-9(c)(平面图)、图 4-9(d)(1—1 剖面图)、图 4-9(e)(2—2 剖面图)三部分绘制,标注如图 4-9(f)。

4.5.2 实例绘制步骤

(1) 创建图层,线型,颜色

打开图层对话框,点击 new 按钮。分别建立层、颜色、线型。具体要求如下:① 文字层,粉色;②轮廓线层,白色;③细线层,白色;④虚线层,黄色;⑤尺寸层,天蓝;⑥中心线层,红色。

(2) 创建图框,标题栏

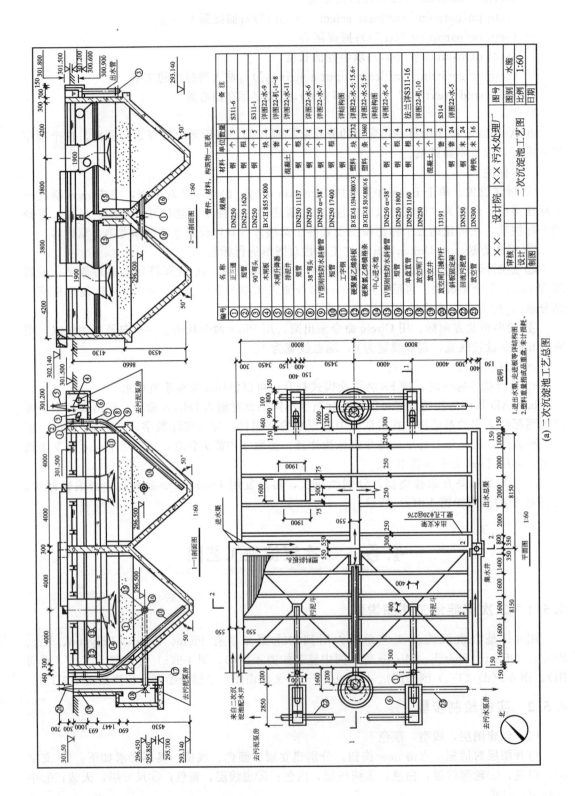

(a) 二次沉淀池工艺总图

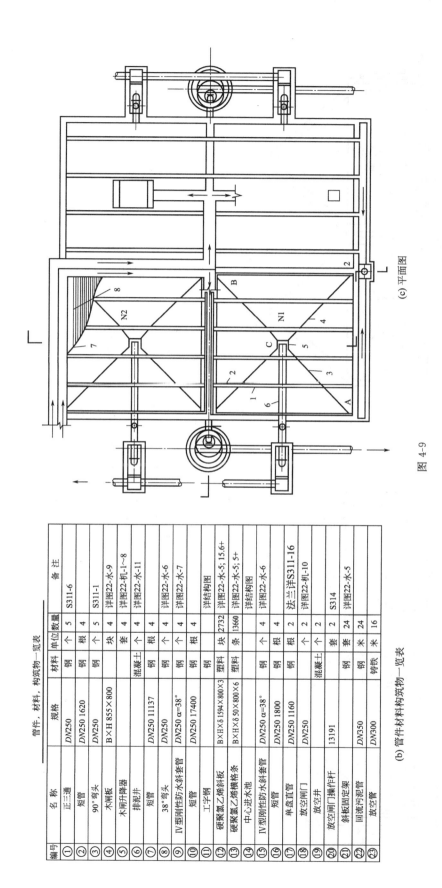

管件、材料、构筑物一览表

编号	名称	规格	材料	单位	数量	备注
①	正三通	DN250	钢	个	5	S311-6
②	短管	DN250 1620	钢	根	4	
③	90°弯头	DN250	钢	个	5	S311-1
④	木闸板	B×H 855×800		块	4	详图22-水-9
⑤	木闸升降器			套	4	详图22-机-1～8
⑥	排泥井		混凝土	个	4	详图22-水-11
⑦	短管	DN250 11137	钢	根	4	详图22-水-6
⑧	38°弯头	DN250 α=38°	钢	个	4	详图22-水-7
⑨	IV型刚性防水斜套管	DN250 17400	钢	根	4	详结构图
⑩	短管		钢			
⑪	工字钢			块	2732	详图22-水-5; 15.6+
⑫	硬聚氯乙烯斜板	B×H×δ 1594×800×3	塑料	块	13660	详图22-水-5; 5+
⑬	硬聚氯乙烯横格条	B×H×δ 50×800×6	塑料	条		详结构图
⑭	中心进水池					
⑮	IV型刚性防水斜套管	DN250 α=38°	钢	个	4	详图22-水-6
⑯	短管	DN250 1800	钢	根	4	
⑰	单盘直管	DN250 1160	钢	个	2	法兰详S311-16
⑱	放空闸管	DN250		个	2	详图22-机-10
⑲	放空井		混凝土	套	2	
⑳	放空闸门操作杆	13191	钢	套	24	S314
㉑	斜板固定架		钢	米	24	详图22-水-5
㉒	回流污泥管	DN350	铸铁	米	16	
㉓	放空管	DN300				

(b) 管件材料构筑物一览表

(c) 平面图

图 4-9

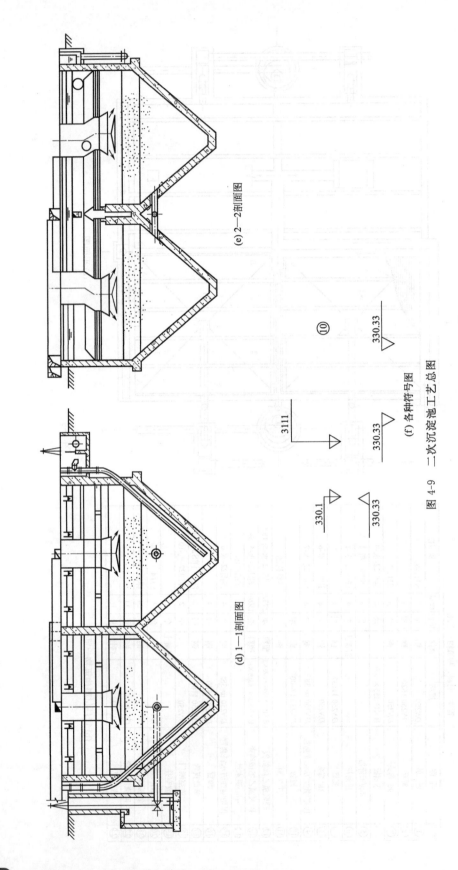

图 4-9 二次沉淀池工艺总图

绘制采用 Pline、Line 命令，尺寸根据国标要求。

① (打开正交 ortho) 用 Line 命令，依据尺寸画细边框线。

② (换到轮廓线层) 用 Pline 命令，用相对坐标 (@X, Y)，依据尺寸画粗边框线，线宽 0.5。标题栏内部线用 Line 和 Offset 命令绘制。

③ 用 Trim 命令修剪多余的线条。

④ 文字使用 Dtext 命令录入。

(3) 创建图中表格 [如图 4-9(b)]

① (打开正交 ortho) 用 Pline 命令，依据尺寸输入长度画粗边框线。

② (换至细线层) 用 Line 命令，指定起点，依据尺寸输入长度画竖线。

③ 输入 Offset 指定偏移距离以及偏离方向，做出图中竖线。

④ 同理，画出图中横线。

⑤ 表格中的文字将在本实例说明⑨中予以介绍。

(4) 平面图的绘制方法 [如图 4-9(c)]

① 先对此图进行分析，此图上下左右基本对称，并有许多相似之处，因此应多使用 Array 阵列、Mirror 镜像、Copy 拷贝命令绘制，以便简化绘图过程。

② 污泥斗的绘制方法

a. 用 Pline 命令绘制外轮廓线，线宽 0.5mm。

b. 用 Pline 命令，绘制图中竖直线以及各水平线。

c. 用 Offset 命令指定偏移距离以及偏离方向做出图中其余竖线。

d. 用 Trim 修剪命令，左键选择剪刀，修剪多余线条。

③ 图中矩形设备的绘制。可用 Pline 绘制一个，再使用 Copy 命令复制即可（矩形设备可采用 rectangle 命令绘制）。

若角度不同可使用 Rotate 旋转命令将其旋转。

④ 图中圆形设备的绘制。用 Donut 圆环命令绘制其中一个，尔后使用 Mirror 镜像命令绘制另外一个。

⑤ 图中管道的绘制。(换至中心线层) 用中心线定位后，使用 Pline (注意换至粗轮廓线层) 绘制连接。

⑥ 图中局剖图的画法

a. 用 Pline 绘制一曲线，构成一封闭区域。

b. 采用 Bhatch 命令，指定封闭区域，选定剖面线图案 ANSI31 (金属线)，角度为 45°，填充至如图效果。

(5) 1—1 剖面图的绘制方法 [如图 4-9(d)]

污泥斗的绘制方法如下。

① (换至轮廓线层) 用 Pline 绘制 w 形轮廓线。

② 用 Line 和 Pline 命令绘制图中水平的直线，而后用 trim 修剪命令，修剪多余线条。

③ 用 Offset 偏移命令，指定偏移距离以及方向，做出图中其余水平线。

④ 用 Pline 命令绘制管道等其他轮廓线

＊注：

① 凡画斜线部分，先确定起点，再指定角度例如 45°输入＜45 以便确定方向，再输入长度值。

② 关于图中重复或对称的部分要注意使用 array 阵列，mirror 镜像命令编辑，以便简化绘图过程。

③ 关于图中沉淀物的画法：用 Pline 命令，Arc 命令绘制一封闭区域，采用 Bhatch 命

令，指定封闭区域，选定剖面线沙子图案 ar-sand，比例 0.4，角度 0，填充至如图所示。

④ 图中箭头的画法。用 Plne 命令绘制，在设置线宽时注意起终点不同即可，绘制完毕后制成块以备随时插入图中。

⑤ 图中圆环的画法。输入 Donut 画圆环命令或 Circle 命令绘制，也可采用 AutoLisp 程序绘制，具体如下。

```
(defun c:cy()         ;定义命令名称为粗圆 CY
   (setq d(getrcal "圆的直径"));圆的直径
   (setq w(getrca l"线的宽度:"));圆的线宽
   (setq dn (-d w))   ;圆内径
   (setq dw (+d w))   ;圆外径
   (setq dn(rtos dn 2 2))
   (setq dw(rtos dw 2 2))
   (setq dn(atof dn))
   (setq dw(atof dw))
   (command "donut" dn dw)   ;调用做圆环 Dount 命令
)
```

(6) 2—2 剖面图的绘制方法〔如图 4-9(e)〕

① 污泥斗的绘制

a. （换至轮廓线层）用 Pline 绘制 w 形轮廓线。

b. 用 Line 和 Pline 命令绘制图中水平的直线，尔后用 Trim 修剪命令，修剪多余线条。

c. 用 Offset 偏移命令，指定偏移距离以及方向，做出图中其余水平线。

d. 用 Pline 命令绘制管道等其他轮廓线。

② 其余部分的绘制方法均在 1—1 剖面图的绘制中已叙述，这里不再赘述。

(7) 关于图中的高度符号的绘制方法〔如图 4-9(f)〕

采用带属性块的方法，定义属性块的方法如下。

① 首先用 Line 命令依据图示尺寸做出高度符号。

② 定义属性文字的方法，具体步骤如下。

a. 点击下拉菜单中 drawing \ block \ attribute definition，出现 attribute definition 对话框。在文本框 tag 中输入标签属性 RA。

b. 在文本框 prompt 中输入提示属性"输入高度 RA 的值"。

c. 在文本框 value 中输入值属性 X。

d. 在 text option（文本选项）区设置文字的大小，方向。

e. 在 justification 下拉表中选择对齐方式。

f. 单击按钮 pick point 系统暂时隐去 attribute definition 对话框，在画好的高度符号中选择插入点，出现 attribute definition 对话框，单击 ok 退出对话框，完成属性定义。

③ 定义块

a. 单击定义图块命令按钮或 Block 命令，显示 block definition 对话框。

b. 在块名文本框中输入块名"高度符号"。

c. 点击选择点 pick 按钮，block definition 对话框消失，在图中选择图块的基点。

d. 点击 select 按钮，block definition 对话框消失，在图中选择整个高度符号以及定义的属性文字，回到 block definition 对话框点击 ok 即定义完毕。

④ 插入块的方法

a. 输入 Insert 命令，出现 insert 对话框。

b. 从 name 下拉表中选择要插入的图块名称。根据属性提示，输入相应的高度数值。
c. 确定插入块的比例，角度。
d. 单击 ok 按钮，退出 insert 对话框。
e. 给出插入点。
f. 插入完后依据具体情况适当调整线的长度以适应图的要求（通常采用 Explode 爆炸、Lengthen 延长等命令）。
g. 反复使用图块插入命令，完成所有高度符号的绘制。

(8) 关于图中的圆形标号的绘制方法［如图 4-9(f)］
① 首先用 Circle 命令画圆。
② 其次是属性的定义以及块的定义，因为与定义高度符号完全相同这里不再赘述。
③ 圆形标号中文字的填充方法也可以采用 AutoLisp 程序完成，以下给出其源程序代码。

(deftun c:xz();命令名称设为 xz
　(setvar "osmodc" 512);设置捕捉方式
　(setq pn(getpoint" \nPlease select a circle:"));捕捉圆上一点
　(setq pc(osnap pn "cen"));捕捉圆心
　(setq d(distance pc pn));求半径的长度
　(setq st(getstring"\nPlease input a string:"));输入要标注的文字
　(command "text" "j" "mc" pc d 0 st);把文字标在圆心处
)

(9) 文字标注［如图 4-9(f)］
① (换至文字层) 输入 dtext，依次指定字的起点，字高，旋转角度，键入文字的内容。
② 实现不同字体的方法。本图中汉字采用仿宋体、宋体，西文采用长仿宋体 gdt.shx 字体，首先用 Style 命令设置这三种字型分别为 FS、ST、CFS，在出现 specify start point of text or ［justify/style］：时输入 s 调整临时需要使用的字体，其余提示与上述 (1) 相同。

(10) 尺寸标注
① 标注前的设置。单击下拉菜单"格式"，点击"标注样式"弹出"标注样式管理器"对话框，单击"新建"即可新建一个标注类型，命名为"尺寸标注"。在新建的主标注下新建尺寸、角度、半径、直径四个标注项，在所建的五个标注按图设置各个选项卡（具体设置方法请参考第 2 章内容）。
② 调出尺寸标注工具条进行标注，标注方法见第 2 章。绘制完成的总图如图 4-9(a) 所示。

4.6　二次沉淀池平面图

4.6.1　二次沉淀池平面图说明

图 4-10 是二次沉淀池平面图，用到的主要命令是 Layer、Limits、Line、Pline、Trim、Copy、Style、Dtext、Pedit、Stretch、Arc、Wblock、Insert、Donut 等。

4.6.2　实例绘制步骤

(1) 创建图层，线型，颜色
打开图层对话框，点击新建 new 按钮。分别建立层、颜色、线型，具体要求如下。① L1

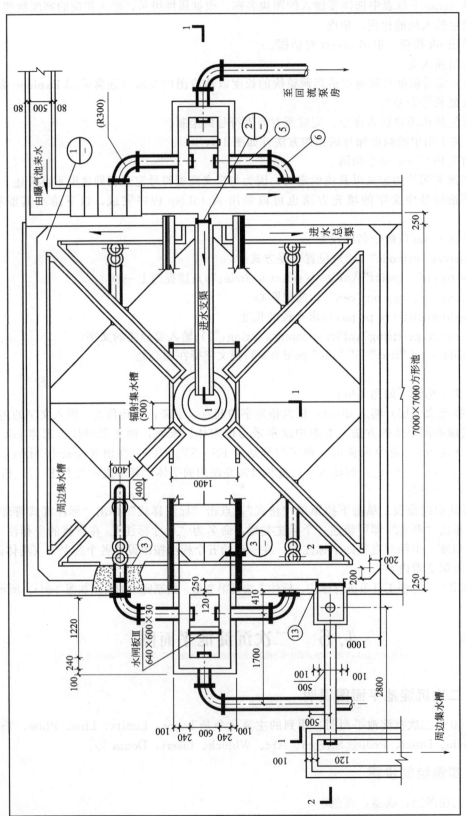

图 4-10 二次沉淀池平面图

层，红色，Center；②L2 M，黄色，Dashed；③L3 层，白色，Continue。

（2）创建图框

① （打开正交 ortho，切换至 L3 层）输入 Line 命令，依据尺寸画细边框。

② 输入 Pline 命令，用相对坐标（@X，Y），依据尺寸画粗边框。

（3）画直管、弯管

① 画直管。键入 Pline 命令，依据图示尺寸画出管道的两条粗实线，切换至 L2 层，画出中心线。键入 Arc 命令，画出管端的圆弧。

② 画弯管。键入 Circle 命令，依据图示尺寸，做 3 个同心圆，键入 Trim 命令，修剪至如图所示。键入 Pedit 命令，对两边的弧线进行编辑，使其线宽与直管相同。键入 Pine 命令，做出弯管两端的粗实线。键入 Wblock 命令，将其定义成一个块。

（4）画沉淀池的俯视图

键入 Line 命令，依据图示尺寸画出沉淀池的俯视图。可先将所有的线画出，再用 Trim 命令进行修剪。斜线的端点可由相对坐标（@X，Y）来辅助确定。俯视图中心的圆用 Circle 命令画出，四个倾斜的进水支渠可只做出一个，再用 Array 命令圆形阵列，最后用 Trim 对右下角的一个进行修剪。圆环可用 Donut 命令做出，再用 Trim 进行修剪。

（5）画沉淀池的管道

键入 Line 命令，依据图示尺寸画出左右两侧的方框，键入 Insert 命令，将先前画出的弯管插入进来，将先前画好的直管用 Copy 命令复制过来，用 Stretch 命令拉伸至图示尺寸，用 Trim 命令进行修剪。

（6）画图 4-10 中 1—1、2—2 剖视线

键入 Pline 命令，设置线宽，做出剖视线。

（7）设置字体，进行标注

① 输入 Style 进行字体设置。新建两种字体，具体要求如下：

汉字字形名 FS，字体仿宋，GB_2312.shx，宽高比 0.8，角度 0；

西文字形名 xw，字体 simplex.shx，宽高比 0.8，角度 10。

② 标注。

③ 对圆内有文字的可以直接标注，注意文字的大小、位置，交互式绘图比较费事，为了精确，快速，采月 Visual Lisp 程序来实现更为妥当，程序源代码如下。

a. 对圆内一个字的标注，程序如下。

```
(deftun c:tl()
  (setvar "osmodc" 512);设置捕捉方式
  (setq pn(getpoint"\nPlease select a circle:"));捕捉圆上一点
  (setq pc(osnap pn "cen"));捕捉圆心
  (setq d(distance pc pn));求半径的长度
  (setq st(getstring "\nPlease input a string:"));输入要标注的文字
  (command "text" "j" "mc" pc d 0 st);把文字标在圆心处
)
```

b. 对圆内中间一条线，上下各一个字的标注，程序如下。

```
(defun c:tl2()
  (setvar"osmode" 512);设置捕捉方式
  (setq pn(getpoint,"\nPlease select a circle:"));捕捉圆一点
  (setq pc(osnap pn,"cen"));捕捉圆心
  (setq d0( * 2(distance pn pc)));求直径的长度
```

```
(setq hd( * 032 d0));设置字高
(setq p1(polar pc( * 0.5 pi)( * 0.22 d1)));计算第一行文字的中心
(setq p2(polar pc( * -0,5 pi)( * 0.22 d0)));计算第二行文字的中心
(setq p3(polar pc0( * 0.5 d0));计算圆的第一象限点
(setq p4(polar pcpi( * 0.5 d0)));计算圆的第二象限点
(setq str1(getstring,"\nPlease input the first string:"));输入文字
(setq Jitr2(getstring "\nPlease input the second string:")));输入文字
(command "line" p3 p4"");画出圆上直线
(command "textr","j","mc" p1 hd 0 str1;标注文字
(command "textr","j","mc" p2 hd 0 str2);标注文字
)
```
经过以上 7 步的绘制过程,完成的二次沉淀池平面图如图 4-10 所示。

4.7 二次沉淀池详图及构件表

4.7.1 二次沉淀池详图及构件表说明

图 4-11 是二次沉淀池详图及构件表,用到的主要命令是 Layer、Limits、Line、Pline、Trim、Copy、Style、Dtext、Pedit、Bhatch 等。

4.7.2 实例绘制步骤

(1) 创建图层,线型,颜色

打开图层对话框,点击新建 new 钮。分别建立层、颜色、线型。具体要求如下:①L1 层,红色,Center;②L2 层,黄色,Dashed;③L3 层,白色,Continue。

(2) 创建图框

① (打开正交 ortho,切换至 L3 层) 输入 Line,依据尺寸画细边框。

② 输入 Pline,用相别坐标 (@X,Y),依据尺寸画粗边框。

(3) 画 (12) 紧固件及上面的双线

键入 Line 命令,依据图示尺寸画出紧固件。可以只画出一个,其余的用 Copy 命令复制完成。键入 Line 命令,依据图示尺寸画出紧固件上面的双线部分,用 Trim 命令对不恰当的部分进行修剪。

(4) 画钢筋混凝土走道板

键入 Line 命令,用细线画出钢筋混凝土部分的边框,键入 Bhatch 命令进行填充。键入 Line 命令,画出钢筋混凝部分左边的细实线,用 Trim 命令进行修剪至如图 4-11 所示。

(5) 画中心管部分

键入 Line 命令,画中心管左边的细实线,键入 Pline 命令,画中心管右边的粗实线,其中斜线的端点可用相对坐标 (@X,Y) 辅助确定。中心管下端的反射板可以只画出一个,用 Copy 命令复制完成其余的一个,再用 Trim 命令进行修剪使如图所示。

(6) 画下部的混凝土支承墩部分

键入 Line 命令,画出支承墩部分的外边框,用 Bhatch 命令进行填充。

(7) 设置字体,进行标注

① 键入 Style 命令进行字体设置。新建两种字体,具体要求如下:

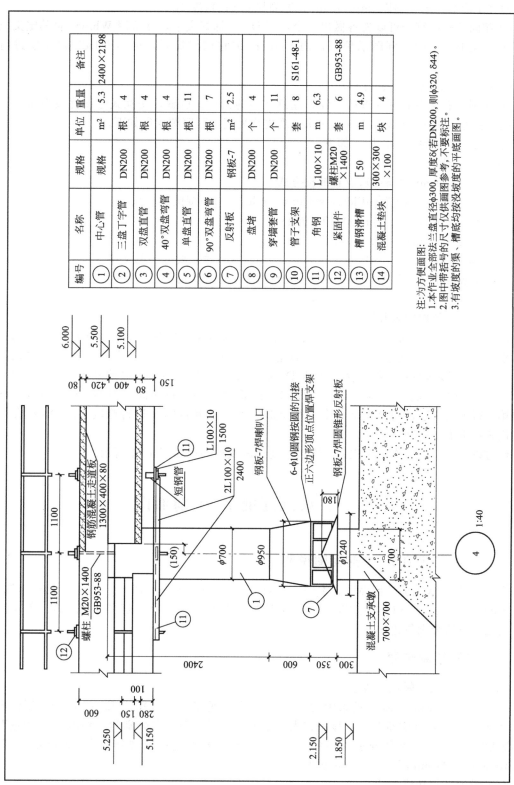

图 4-11 二次沉淀池详图及构件表

汉字字形名 fs；字体仿宋 GB_2312.shx；宽高比 0.8；角度 0；

西文字形名 xw；字体 simplex.shx；宽高比 0.8；角度 10。

② 相同的标高符号可以先各做出一个，用 Dtext 标好文字，然后用 Wblock 将其定义成一个块，用 Insert 插入到图示位置，用 Explore 把它们爆炸开，再用 Ddedit 对文字进行修改。

③ 键入 Dtext 命令，进行标注。

④ 对圆内有文字的可以直接标注，注意文字的大小、位置，交互式绘图比较费事，为了精确、快速，采用 Visual Lisp 程序来实现更为妥当，程序源代码如下。

对圆内一个字的标注，程序如下。

```
(deftun c:tl()
    (setvar "osmodc" 512);设置捕捉方式
    (setq pn(getpoint " \nPlease select a circle:"));捕捉圆上一点
    (setq pc(osnap pn "cen"));捕捉圆心
    (setq d(distance pc pn));求半径的长度
    (setq st(getstring "\nPlease input a string:"));输入要标注的文字
    (command "text" "j" "mc" pc d 0 st);把文字标在圆心处
)
```

(8) 画右边的构件表及标注文字

键入 Line 命令，依据图示尺寸画出的表格，键入 Pline 命令，用粗实线加粗表格的边框。键入 Dtext 命令，对表格进行标注，注意采用中点对齐的方式，即先用 Line 命令画出要标注文字的矩形框的对角线，然后键入 Dtext 命令，在选汉字起点之前键入"j"，再键入"mc"，选对角线的交点为中心点，下面用 Dtext 命令标注字符相同，不再叙述。可以只标注出第一行内的文字，用 Array 命令进行矩形阵列，再用 Ddedit 进行修改。用 Dtext 命令标注出表格下面的文字。

经过以上 8 步的操作，完成的二次沉淀池详图及构件表如图 4-11 所示。

4.8 二次沉淀池 1—1 剖面图

4.8.1 二次沉淀池 1—1 剖面图说明

图 4-12 是二次沉淀池剖面图，本图用到的主要命令有 Layer、Pline、Line、Trim、Circle、Donut、Hatch、Wblock、Text 等。以下将总图 4-12(a) 及分解图 4-12(b)、图 4-12(c) 的绘制方法分别叙述如下。

4.8.2 实例绘制步骤

(1) 创建图层、颜色、线型

选择 object properties 工具条中的 Layers 命令，或在命令行输入 Layer 命令，创建图层；单击 new 按钮创建新图层并显示在大文本框中。新建图层名分别为"槽池"、"管道"、"中心线"、"标注"；颜色分别为白色、绿色、红色、水蓝色；线型分别为"continuous"、"continuous"、"center"、"continuous"。

(2) 设置捕捉功能

选择 tool 菜单中的 Drfting Setting 命令，或把鼠标置于 Snap 按钮上右击鼠标选择 Setting 命令，在弹出的对话框中设置端点、中点、交点、最近点的捕捉功能。

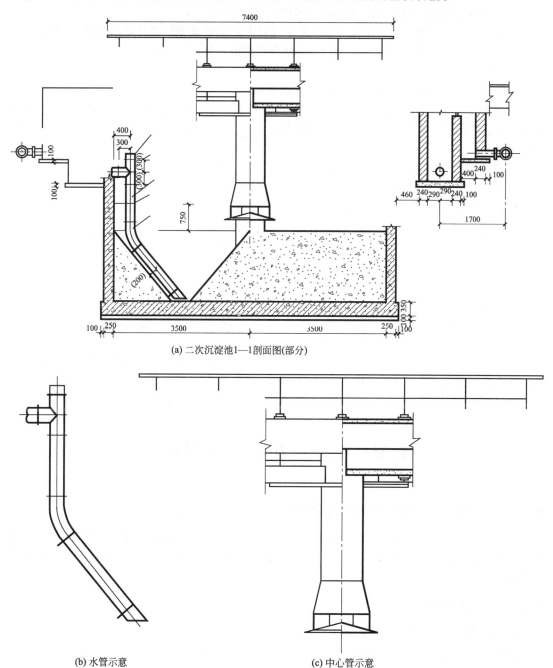

图 4-12　二次沉淀池剖面图

(3) 绘制槽池剖面

打开图层名为"槽池"的图层，颜色、线型随层。

① 选择 Pline 命令，绘制槽池轮廓；并用 Trim 命令进打修剪。

② 选择 Hatch 命令，在出现的对话框中，单击 Pattern 的下拉菜单，确定填充图案为金属 线图案 ANSI31、混凝土图案 AR-CONC 两种，注意选择合适的比例和角度，再单击 ok 按钮，即完成图案填充任务。重复操作，完成不同的填充。

(4) 绘制所有管道中心线
① 打开图层名为"中心线"的图层,颜色、线型随层。
② 选择 Pline 命令(此处采用 Pline 命令可以方便地调整带圆弧中心线线型比例)。
③ 线宽为"0",绘制中心线,用 LTS 命令调整线型比例。
(5) 绘制水管图
打开图层名为"管道"的图层,颜色、线型随层。
① 选择 Pline 命令,注意线宽,绘制一侧的管道线,再使用 Offset 命令绘制另一侧管道线,将法兰用 Pline 命令绘出,并制作成块,依次插入、并修剪完成,如图 4-12(b) 所示。
② 在命令提示行输入 Donut 命令及 Circle 命令,绘制管道口。
(6) 绘制中心管及栏杆
继续在图层名为"管道"的图层。
① 选择 Line 命令,绘制中心管左侧及栏杆的轮廓图。
② 选择 Pline 命令,注意线宽,绘制中心管右侧轮廓图;并用 Hatch 命令(图案为混凝土图案 ar-conc)进行管壁填充。如图 4-12(c) 所示。
(7) 标注
打开图层名为"标注"的图层,颜色、线型随层。
① 选择 Line 命令及 Circle 命令绘制标注线;并制作成块,依次插入(注意插入时块的旋转角度)。
② 选择 Format 菜单中的 Textstyle 命令,在弹出的对话框中,确定字体及字的横宽比例。在命令行输入 Text 命令依次输入所需文本,可以用 Move 命令调整文本的位置。
经过以上 7 步的绘制过程,完成的二次沉淀池 1—1 剖面图如图 4-12(a) 所示。

4.9 二次沉淀池 2—2 剖面图

4.9.1 二次沉淀池 2—2 剖面图说明

图 4-13 是二次沉淀池 2—2 剖面图及钢筋支架示意,本图用到的主要命令有 Layer、Pline、Line、Sptine、Circle、Hatch、Dimension、Wblock、Ellipse、Text 等,以下说明绘制步骤。

4.9.2 实例绘制步骤

(1) 创建图层、颜色、线型
选择 object properties 工具条中的 Layer 命令,或在命令行输入 Layer 命令,创建图层;单击"new"按钮,创建新图层并显示在大文本框中。新建图层名分别为"槽池"、"管道中心线"、"管道"、"标注"颜色分别为白色、红色、绿色、水蓝色;线型分别为"continuous"、"continuous"、"center"、"continuous"、"continuous"。

(2) 设置捕捉功能
选择 tool 菜单中的 Drfting Setting 命令,或把鼠标置于 snap 按钮上右击鼠标选择 Setting 命令,在弹出的对话框中设置端点、中点、交点、最近点的捕捉功能。

(3) 绘制槽池示意图
打开图层名为"槽池"的图层,颜色、线型随层。

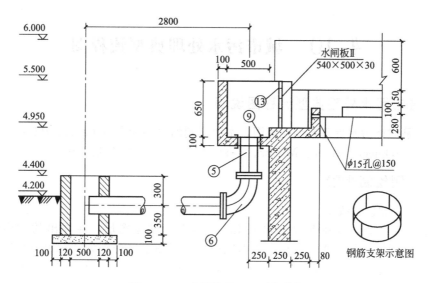

图 4-13　二次沉淀池 2—2 剖面图

① 选择 Pline 命令，确定线宽，绘制槽池轮廓；并用 Trim 命令进行修剪。

② 选择 Hatch 命令，在出现的对话框中，单击 pattern 的下拉菜单，确定填充图案为金属线图案 ANSI31、混凝土图案 AJ-CONC 两种，注意选择合适的比例和角度，再单击"ok"按钮，即完成图案填充任务。

(4) 绘制管道中心线

打开图层名为"管道中心线"的图层，颜色、线型随层。

选择 Pline 命令，线宽为"0"，绘制管道中心线；并用 LTS 命令调整线型比例。

(5) 绘制管道示意图

打开图层名为"管道"的图层，颜色、线型随层。

① 选择 Pline 命令，注意线宽，绘制管道轮廓。

② 选择 Line 命令，绘制法兰连接口。

③ 选择 Spline 命令，绘制管道断面处，并用 Trim 命令做合适的修改。

(6) 标注

打开图层名为"标注"的图层，颜色、线型随层。

① dimension 标注

a. 选择 Dimension Style 命令，在弹出的对话框中单击 modify 按钮，设置箭头为 Architectural tick 形式、文本形式及文本与标注线的关系等功能。

b. 选择 dimension 工具条中的各标注命令，依次进行所需标注。

② 高度标注

a. 选择 Line 绘制高度标注线；并制作成块，依次插入。

b. 选择 format 下拉菜单中的 Text Style 命令，设置字体及字的横宽比例；在命令提示行中输入 Text 命令，依次输入所需标注文本。

③ 其余标注。选择 Line 及 Circle 命令，进行绘制标注线；并用 Text 命令进行文本标注。

④ 绘制钢筋支架示意图。选择 Ellipse 及 Line 命令绘制该示意图；并用 Text 命令进行文本标注。

经过以上 6 步的绘制过程，完成的次沉淀池 2—2 剖面图如图 4-13 所示。

4.10 城市污水处理典型流程图

4.10.1 城市污水处理典型流程图说明

图 4-14 是城市污水处理典型流程图,本图用到的主要命令有 Layer、Pline、Rectangle、Circle、Copy、Object、Move、Mirror、Text 等。以下来说明绘制步骤。

4.10.2 实例绘制步骤

(1) 图层、颜色、线型

选择 Layer 命令,或在命令行输入 Layer 命令,创建图层;在弹出的对话框中单击"new"按钮,创建新图层并显示在大文本框中。新建图层名分别为"污水流程"、"污泥流程"、"消化气"、"设备"、"界限标注"及"文本标注",颜色分别为绿色、黄色、红色、白色、橙红色,线型依次为"continuous"、"hidden"、"center"、"continuous"、"continuous"、"continuous"。

(2) 绘制设备意图

打开图层名为"设备"的图层,颜色、线型随层。

① 确定设备的相对位置。

② 绘制"格栅"。

a. 选择 Rectangle 命令,确定矩形第一顶点及第二顶点的位置,绘制矩形。

b. 选择 Pline 命令,或在命令行输入"pl",捕捉到矩形的上中点,连接到下中点。

c. 选择 Pline 命令,继而单击"Snap From"图标,在"_ from Base point:"的提示下输入"@X, Y"相对坐标,捕捉到垂直点,点左键确定。

d. 选择 Offset 命令,确定偏移距离,选择要复制的实体,确定偏移方向。重复此操作两次。

③ 绘制"沉砂池"。选择 draw 工具条中的 Rectangle 命令,确定矩形第一顶点及第二顶点的位置,绘制矩形。

④ 绘制"初次沉淀池"。

a. 选择 Circle 命令,或在命令行输入"c",确定圆心位置及沉淀池半径。

b. 选择 Copy Object 命令,选取要复制的对象,在命令行输入需复制移动的距离。

c. 选择 Pline 命令,捕捉其中一个圆的圆心,连线到另一圆心。重复 Pline 命令,捕捉其中一圆的第一、四象限点,画直线,在合适位置,作箭头。

⑤ 绘制生物处理设备。选择 Rectangle 命令,确定矩形第一顶点及第二顶点的位置,绘制生物处理设备。

⑥ 绘制二次沉淀池。选择 Rectangle 命令,用作矩形的方法,分别绘制一个大矩形及两个小矩形。并用 Move 命令调整它们之间的位置。

⑦ 绘制消毒投氯器。选择 Rectangle 命令,用作矩形的方法来绘制。

⑧ 绘制污泥浓缩池。选择 Circle 命令,确定圆心、半径作圆;同样的方法作另一圆,并确定相对位置。

⑨ 绘制污泥消化池。选择 Circle 命令,确定圆心、半径作圆;重复操作,即得两圆;选择 Rectangle 命令,绘制小矩形;用 Move 命令,调整实体的相对位置,使两圆关于小矩形的中心线对称。

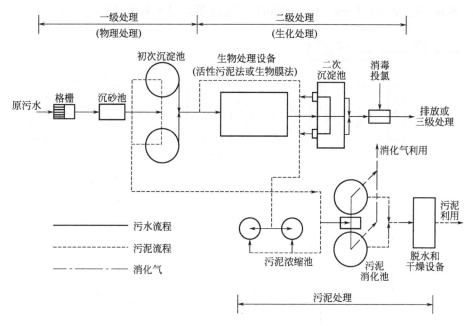

图 4-14 城市污水处理典型流程图

⑩ 绘制脱水和干燥设备。选择 Rectangle 命令，用作矩形的方法来绘制。
(3) 绘制污水流程路线
打开图层名为"污水流程"的图层，颜色、线型随层。
选择 Pline 命令，注意线宽，作直线及箭头，连接各设备，并作图示标示。
(4) 绘制污泥流程路线
打开图层名为"污水流程"的图层，颜色、线型随层。
选择 Pline 命令，注意线宽，作直线及箭头，连接各设备，并作图示标注。
(5) 绘制消化气流程路线
打开图层名为"消化气"的图层，颜色、线型随层。
选择 Pline 命令，注意线宽，用相对坐标的格式作直线及箭头，并作图示标注。
(6) 绘制界限标注
打开图层名为"界限标注"的图层，颜色、线型随层。
选择 Pline 命令，作直线及箭头。
(7) 文本标注
打开图层名为"文本标注"的图层，颜色、线型随层。
选择 format 下拉菜单中的 Text Style 命令，设置字体及字的横宽比例；在命令提示行中输入 Text 命令，依次输入所需文本。
经过以上 7 步的绘制过程，完成的城市污水处理典型流程图如图 4-14 所示。

4.11 FS 污水处理流程图

4.11.1 FS 污水处理流程图说明

图 4-15 是 FS 污水处理流程图，本图用到的主要命令有 Polyilne、Line、Rectangle、

Ddedit、Stretch、Make Block、InsertBlock、Text 等，以下来说明绘制步骤。

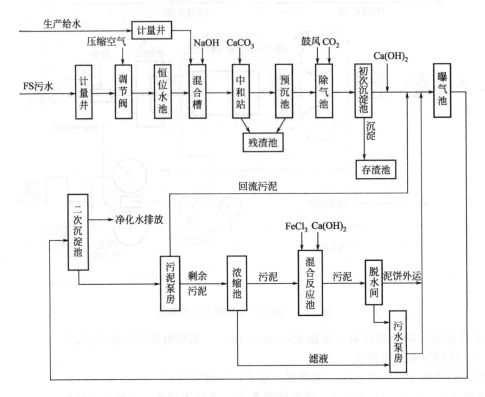

图 4-15　FS 污水处理流程

4.11.2　实例绘制步骤

（1）创建图层、颜色、线型

选择 Layer 命令，或在命令行输入 layer，创建图层；单击"new"按钮，创建新图层并显示在大文本框中。新建图层名分别为"给水路线"、"设备"、"文本标注"；图层的颜色分别为绿色、白色、橙红色；线型均为"continuous"。

（2）设置捕捉功能

选择 tool 菜单中的 Drfting Setting 命令，或把鼠标置于 snap 按钮上右击鼠标选择 Setting 命令，在弹出的对话框中设置端点、中点、交点、最近点的捕捉功能。

（3）绘制设备示意图

打开图层名为"设备"的图层，颜色、线型随层。

① 确定设备的相对位置。

② 绘制计量井

a. 选择 draw 工具条中的 Rectangle 命令，确定矩形第一顶点及第二顶点的位置，绘制计量井示意图。

b. 打开图层名为"设备"的图层，颜色、线型随层。选择 format 下拉菜单中的 Text Style 命令，设置字体及字的横宽比例；在命令提示行中输入 Text 命令，依次输入"计"、"量"、"井"。

③ 绘制其他设备示意图

a. 方法一

ⅰ．选择 modify 工具条中的 Copy Object 命令，选取要复制的对象，在命令行输入需复制移动的距离，进行实体的多个复制。

ⅱ．选择 modify 工具条中的 Stretch 命令修改矩形的大小。

ⅲ．在命令提示行输入 Ddedit 命令，进行文字的修改。

b. 方法二

ⅰ．选择 Make Block 命令及 Insert Block 命令，进行作块及块的插入步骤。

ⅱ．选择 modify 工具条中的 Stretch 命令修改矩形的大小。

ⅲ．在命令提示行输入 Ddedit 命令，进行文字的修改。

（4）绘制给水流程路线

打开图层名为"给水路线"的图层，颜色、线型随层。

① 选择 Line 命令，或在命令提示行输入"pl"，改变线宽，绘制给水路线。

② 选择 Pline 命令，改变线宽，绘制箭头，并制作成块，依次插入。可以用程序插入块。程序如下：

```
(defun c: cr ()
  (setq km (getstring " \ nName of block:"))
  (setq ang (getreal " \ nAng) e of insert block:")) (setq dd t)
  (while dd
  (setq p0 (getpoint " \ nofmser")) 
  (command "insert" km p0 1 1 ang)
  (if (=p0 nil) (setq dd nil) (setq dd t))))
  (princ)
)
```

（5）文本标注

① 打开图层名为"文本标注"的图层，颜色、线型随层。

② 选择 format 下拉菜单中的 Text Style 命令，设置字体及字的横宽比例；在命令提示行中输入 Text 命令，依次输入给水路线标注所需文本。

经过以上 5 步的绘制过程，完成 FS 污水处理流程图如图 4-15 所示。

4.12　两种刚性防水套管安装图

4.12.1　两种刚性防水套管安装图说明

图 4-16 是Ⅲ、Ⅳ型刚性防水套管安装图，本图用到的命令主要有 Layer、Pline、Line、Spline、Hatch、Dimension、Trim、Text 等，以下说明绘制步骤。

4.12.2　实例绘制步骤

（1）创建图层、颜色、线型

选择 object properties 工具条中的 Layers 命令，或在命令行输入 Layer 命令，创建图层；单击"new"按钮，创建新图层并显示在大文本框中。新建图层名分别为"管道"、"中心线"、"石棉水泥"、"标注"、"表格"、"示题栏"；颜色分别为白色、白色、绿色、黄色、白色、白色；线型分别为"continuous"、"cente"、"continuous"、"continuous"、"continuous"、"continuous"。

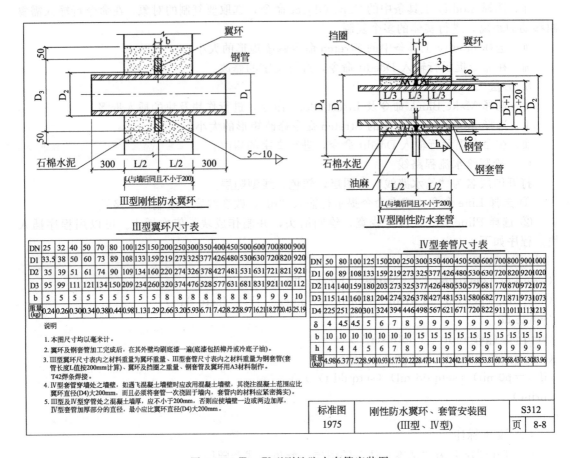

图 4-16 Ⅲ、Ⅳ型刚性防水套管安装图

（2）设置捕捉功能

选择 tool 菜单中的 DrftingSetting 命令，或把鼠标置于 snap 按钮上右击鼠标选择 Setting 命令，在弹出的对话框中设置端点、中点、交点、最近点的捕捉功能。

（3）绘制Ⅲ型刚性防水翼环

① 绘制钢管。打开图层名为"管道"的图层，颜色、线型随层。

a. 选择 Pline 命令，改变线宽绘制钢管轮廓。

b. 选择 Spline 命令，绘制钢管断面线。

c. 选择 Hatch 命令，在出现的对话框中，单击 pattern 的下拉菜单，确定填充图案为 ANSI32，注意填充角度及比例，再单击 ok 按钮，即完成填充任务。

② 绘制翼环。方法同上。

③ 绘制石棉水泥图。打开图层名为"石棉水泥"的图层，颜色、线型随层。

a. 选择 Polyline 命令，改变线宽，绘制轮廓。

b. 选择 Line 命令，绘制断面符号。

c. 选择 Hatch 命令，选择填充图案为混凝土图案 AR-CONC 进行填充。

④ 标注。打开图层名为"标注"的图层，颜色、线型随层。

a. dimension 标注

ⅰ. 选择 Dimension Style 命令，在弹出的对话框中单击 modify 按钮，设置箭头形式为 Architectural Tick、文本形式及文本与标注线的关系等功能。

ⅱ. 选择 Dimension 的各标注命令，依次进行所需标注。

b. 其余标注

ⅰ. 选择 Polyline 及 Circle 命令绘制标注线。

ⅱ. 选择 format 下拉菜单中的 TextStyle 命令，设置字体及字的横宽比例；在命令提示行中输入 Text 命令，依次输入所需标注文本。

⑤ 绘制表格。打开图层名为"表格"的图层，颜色、线型随层。

a. 选择 Polyline 命令，改变线宽，绘制粗轮廓。

b. 选择 Line 命令，绘制细表格线。

c. 选择 Text 命令，输入文本，颜色为橙红色。

至此，完成如图 4-16 中左图所示。

(4) 绘制Ⅳ型刚性防水套管

方法同上。

(5) 说明文本

打开"0"层，颜色为橙红色。

选择 format 下拉菜单中的 Text Style 命令，设置字体及字的横宽比例；在命令提示中输入 Text 命令，依次输入所需标注文本。

(6) 绘制标题栏

打开图层名为"标题栏"的图层，颜色、线型随层。

① 选择 Pline 命令，注意线宽，用相对坐标（@X，Y），绘制粗边框线。

② 选择 Pline 命令，绘制标题栏的粗边框；选择 Line 命令，绘制标题栏内的细线。

③ 选择 Trim 命令进行合适的修剪。

④ 用 Text 命令进行标注说明。

经过以上 6 步的绘制过程，完成的Ⅲ、Ⅳ型刚性防水套管安装图如图 4-16 所示。

4.13 肉联厂废水处理流程图

4.13.1 肉联厂废水处理流程图说明

图 4-17、图 4-18 都是某肉联厂废水处理流程图，它们适用于不同情况下的污水处理流程，用到的命令是 Layer、Limits、Line、Pline、Trim、Pedit、Copy、Bhatch、Offset、Rectangle、Ellipse、Move、Wblock、Insert、Style Dtext 等。

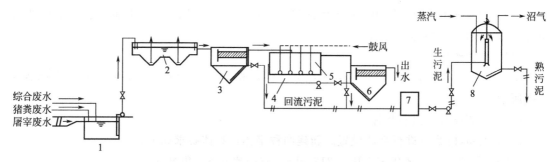

图 4-17 某肉联厂废水处理流程图（一）

1—集水井；2—沉淀池；3—初沉池；4—再生池；5—吸附池；
6—二沉池；7—投料池；8—消化池

4.13.2 图 4-17 实例绘制步骤

(1) 创建图层，线型，颜色

打开图层对话框，点击新建 new 按钮。分别建立层、颜色、线型。具体要求如下：① L1 层，红色，Center；② L2 层，黄色，Dashed；③ L3 层，白色，Continue。

(2) 设置图幅，创建图框、标题栏

① 键入 Limits 命令，按图示大小设置好图幅，注意全部显示。

② (切换到 0 层，打开正交) 键入 Line 命令，按图示大小画出外图框。

③ 键入 Pline 命令，设置线宽为 0.7mm，画出里面的内图框。

(3) 集水井的绘制

键入 Line 命令，在正交打开的状态下画出如图所示的形状。斜线可用相对坐标 (@X, Y) 来辅助画出。

(4) 沉砂池的绘制

键入 Line 命令，画出如图所示的形状，其中相同的部分可以只做出一个，其余的用 Copy 实现。

(5) 初沉池、二沉池的绘制

键入 Line 命令，画出如图所示的形状，其中剖面线可以用 Bhatch 命令进行填充，也可以用 Line 命令画出一条线，再用 Offset 命令完成其余的部分。

(6) 吸附池的绘制

在 L3 层上用 Line 命令画出外边框，切换至 L2 层用 Line 命令画出图示虚线部分。

(7) 投料池的绘制

键入 Rectangle 命令画出图示矩形。

(8) 消化池的绘制

键入 Rectangle 命令，先按图示尺寸画出一矩形，再对其进行编辑；用 Arc 命令画出上面的弧线，结合相对坐标用 Line 命令画出下面的两条斜线；中间表示旋转的剪头可用 Ellipse 命令先画一个椭圆再用 Trim 对其进行修剪，用 Pline 画出剪头。

(9) 布图

键入 Move 命令，把画好的各个部分按图示移到相对位置。

(10) 管道驻阀门的绘制

键入 Pline 命令，设置其线宽为 0.7mm，按图示把各个部分用粗实线连起来。按图示大小用 Line 命令画出阀门，用 Wblock 将其定义成一个块，再用 Insert 把阀门插入到恰当的位置，可以根据实际对其进行修改。

(11) 泵的绘制

按图示用 Circle 命令和 Line 命令画出泵，将其放在对应的位置，再用 Trim 命令修剪到如图所示。

(12) 设置字体，进行标注

① 键入 style 命令进行字体设置。新建两种字体：具体要求如下：

汉字字形名 fs，字体仿宋 GB _ 2312.shx，宽高比 0.8，角度 0；

西文字形名 xw，字体 simplex.shx，宽高比 0.8，角度 0。

② 用 Line 命令和 Pline 命令画出剪头，用 Wblock 命令将其定义成一个块，再用 Insert

命令将其插入到相应的位置，用 Rotate 命令将其旋转到图示方向。

③ 键入 Dtext 命令，标注文字。

经过以上 12 步的绘制过程，完成的某肉联厂废水处理流程图如图 4-18 所示。

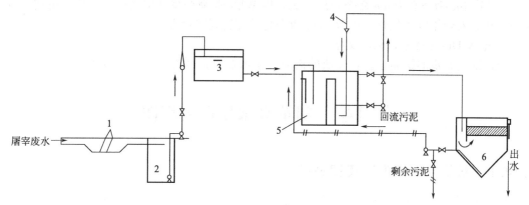

图 4-18　某肉联厂废水处理流程图（二）
1—格网；2—集水井；3—调节池；4—射流器；
5—射流曝气池；6—沉淀池

4.13.3　图 4-18 实例绘制步骤

（1）创建图层，设置线型，颜色

打开图层对话框，点击新建 new 按钮。分别建立层、颜色、线型。具体要求如下：
① L1 层，红色，Center；② L2 层，黄色，Dashed；③ L3 层，白色，Continue。

（2）设置图幅，创建图框、标题栏

① 键入 Limits 命令，按图示大小设置好图幅，注意全部显示。

② （切换到 0 层，打开正交）键入 Line 命令，按图示大小画出外图框。

③ 键入 Pline 命令，设置线宽为 0.7mm，画出里面的内图框。

（3）格网、集水井的绘制

键入 Line 命令，在正交打开的状态下画出如图所示的形状，斜线可用相对坐标（@X，Y）来辅助画出。

（4）调节池的绘制

键入 Rectangle 命令画出调节池外面的矩形，用 Line 命令画出里面的横线。

（5）射流器、射流曝气池、沉淀池的绘制

键入 Line 命令，画出如图所示的形状。

（6）布图

键入 Move 命令，把画好的各个部分用粗实线连起来。

（7）管道上阀门的绘制

键入 Pline 命令，设置其线宽为 0.7mm，按图示把各个部分用粗实线连起来。按图示大小用 Line 命令画出阀门，用 Wblock 将其定义成一个块，再用 Insert 把阀门插入到恰当的位置，可以根据实际对其进行修改。

（8）泵的绘制

按图示用 Circle 命令和 Line 命令画出泵，将其放在对应的位置，再用 Trim 命令修剪到如图所示。

（9）设置字体，进行标注

① 键入 Style 命令进行字体设置。新建两种字体，具体要求如下：
汉字字形名 fs，字体仿宋 GB_2312，宽高比 0.8，角度 0；
西文字形名 xw，字体 simplex.shx，宽高比 0.8，角度 0。

② 用 Line 命令和 Pline 命令画出剪头，用 Wblock 命令将其定义成一个块，再用 Insert 命令将其插入到相应的位置，用 Rotate 命令将其旋转到图示方向。

③ 键入 Dtext 命令，标注文字。

经过以上 9 步的绘制过程，完成的肉联厂废水处理流程图如图 4-18 所示。

4.14 制革废水处理流程图

4.14.1 制革废水处理流程图说明

图 4-19 是制革废水处理流程图，用到的主要命令是 Layer、Limits、Line、Pline、Trim、Copy、Style、Dtext、Wblock、Insert、Spline、Circle、Mirror、Array 等。

4.14.2 实例绘制步骤

(1) 创建图层，线型，颜色

打开图层对话框，点击新建 new 钮。分别建立层、颜色、线型。具体要求如下：①L1 层，红色，Center；②L2 层，黄色，Dashed；③L3 层，白色，Continue。

(2) 创建图框

① (打开正交 ortho，切换至 L3 层) 输入 Line，依据尺寸画边框线。

② 输入 Pline，用相对坐标 (@X, Y)，依据尺寸画粗边框线，线宽 0.5mm。

本图分 3 个小图，现着重叙述图 4-19 的绘制过程，其余两个相似的可以参照图 4-19 (a) 的过程，不同的将另叙述。

(3) 画均质池

键入 Rectangle 命令，画出均质池的矩形处边框，键入 Line 命令，画出矩形左边的直线与矩形内的直线。直线上的曲线可用 Spline 命令画出。用 Trim 命令修剪多余的线到如图所示。

(4) 画药箱

键入 Rectangle 命令，画出图示的矩形。

(5) 画反应池

键入 Rectangle 命令，先画出矩形，再用 Line 命令画出下面的斜线，再用 Trim 命令修剪。

(6) 画沉淀池

键入 Line 命令，依据图示尺寸画出沉淀池。图中斜线的端点可用相对坐标来辅助确定，用 Trim 命令修剪。

(7) 画浓缩池

浓缩池与沉淀池相似，画法可参照上步。

(8) 画贮气罐

键入 Circle 命令，以图示半圆的直径为直径画圆，用 Trim 命令修剪成半圆，用 Line 命令画出两半圆之间的直线，另一个半圆可用 Mirror 镜像复制完成。

(9) 画板框压滤机

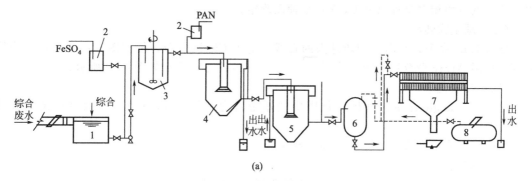

1—均质池；2—药箱；3—反应池；4—沉淀池；5—浓缩池；6—贮气罐；7—板框压滤机；8—风压机

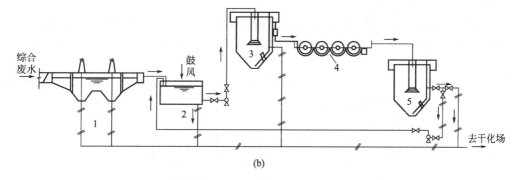

1—沉砂池；2—预曝调节池；3—竖流沉淀池；4—生物转盘；5—竖流二沉池

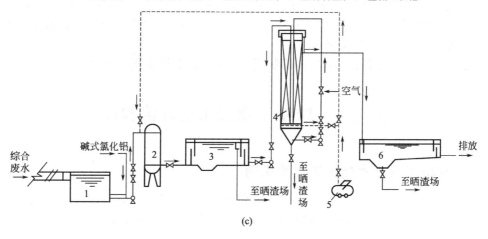

1—调节池；2—溶气罐；3—气浮池；4—氧化塔；5—空压机；6—二沉池

图 4-19　制革废水处理流程图（综合废水）

键入 Line 命令，依据图示尺寸画出外面的边框，其中斜线的端点可由相对坐标来辅助确定，里面的网格线可先画出一条线，再用 Array 命令矩形阵列完成。

(10) 画风压机

风压机的外形与贮气罐相似，画法不再叙述。键入 Line 命令，画出图示斜线，端点由相对坐标确定。F面的小圆由 Circle 命令画出。

图 4-18 (b)、(c) 中与 (a) 相似的部分，这里不再叙述，下面叙述不同的部分。

(11) 画沉砂池

键入 Line 命令，依据图示尺寸画出沉砂池，可以先画出一个矩形，再对它进行修剪，斜线的端点可用相对坐标（@X，Y）来辅助确定。

（12）画生物转盘

键入 Line 命令，画出生物转盘内的直线，键入 Circle 命令，依据图示尺寸做出三个同心圆，再用 Array 命令进行矩形阵列，最后用 Trim 命令修剪至如图 4-19 所示。

（13）画氧化塔

键入 Rectangle 命令，画出氧化塔中的矩形部分，键入 Line 命令，画出其余的直线部分。

可先做出水平和垂直的直线，再做斜线。

（14）布图

键入 Move 命令，按图示尺寸各个零件移到图示位置。

（15）管道线、阀门及泵

键入 Pline 命令，设置线宽为 0.7mm，按图示把各个零件用粗实线连接起来。键入 Line 命令，依据图示尺寸画出阀门，用 Wblock 命令将其定认成一个块，插入点自定，再用 Insert 命令将其插入到图示位置。键入 Circle 命令，画出泵上的圆，再用 Line 命令画出下面的直线，用 Trim 命令修剪到如图所示，用 Wblock 命令将其定认成一个块，插入点自定，再用 Insert 命令将其插入到图示位置。

（16）设置字体，进行标注

① 键入 Style 进行字体设置。新建两种字体，具体要求如下：

汉字字形名 fs，字体仿宋 GB_2312.shx，宽高比 0.8，角度 0；

西文字形名 xw，字体 simplex.shx，宽高比 0.8，角度 0。

② 键入 Line 命令画出箭头的细线，再键入 Pline 命令，设置不同的线宽，画出箭头，用 Wblock 命令将其定认成一个块，插入点自定，再用 Insert 命令将其插入到图示位置。

③ 键入 Dtext 命令进打文字标注。

经过以上 16 步的绘制过程，完成的制革废水处理流程图如图 4-19 所示。

4.15　味精工业废水处理流程图

4.15.1　味精工业废水处理流程图说明

图 4-20 是味精工业废水处理流程图，用到的主要命令是 Layer、Limits、Line、Pline、Trim、Copy、Style、Dtext、Wblock、Insert、Mirror、Rectangle、Offset、Circle、Move 等。

4.15.2　实例绘制步骤

（1）创建图层，线型，颜色

打开图层对话框，点击新建 new 按钮。分别建立层、颜色、线型。具体要求如下：①L1 层，红色，Center；②L2 层，黄色，Dashed；③L3 层，白色，Continue。

（2）创建图框

① （打开正交 ortho，切换至 L3 层）输入 Line，依据尺寸画细边框线。

② 输入 Pline，用相对坐标（@X，Y），依据尺寸画粗边框线，线宽 0.5mm。

（3）画图 4-20 中吸水池 1

依据图示尺寸画出图 4-20 中的吸水池 1。外面的矩形可用 Rectangle 命令画出，也可用

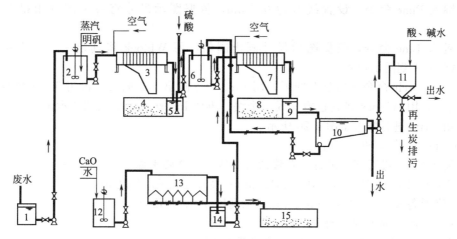

图 4-20 味精工业废水处理流程图

1、5、9、14—吸水池；2、6—反应缸；3、7—压滤机；4、8—滤饼仓；10、13—沉淀池；
11—活性炭塔；12—搅拌池；15—石灰渣贮池

Line 命令画出，里面的横线用 Line 画出。

(4) 画反应缸内的扇叶

① 依据图示尺寸，以半圆的半径为半径画一小圆，用 Trim 命令剪去一半，得一个半圆，用 Mirror 命令镜像复制，用 Line 命令上下交错连接两半圆的端点，得扇叶。

② 用 Line 命令以两相交直线的交点为起点向上作直线完成扇叶的绘制。

③ 用 Wblock 把扇叶定义成一个块，插入点自定。

(5) 画反应缸

用 Rectangle 命令画出图 4-20 中的反应缸 2、6。

(6) 画压滤机

键入 Line 命令，在打开正交的状态下画出外边框，里面的竖线可先画出一条，其余的用 Offset 完成，下面的斜线用相对坐标（@X，Y）辅助完成，最后用 Trim 修剪至如图所示。

(7) 画滤饼仓

用 Rectangle 命令画出图 4-20 中的滤饼仓 4、8。

(8) 画图 4-20 中的沉淀池 10

键入 Line 命令，依据图示尺寸画出图 4-20 中的沉淀池 10，其中的斜线可用相对坐标（@X，Y）辅助完成，里面的水面线和表示水纹的线用 Line 命令画出。下面的小圆用 Circle 命令画出。

(9) 画图 4-20 中的沉淀池 13

键入 Rectangle 命令，画出沉淀池外的矩形，再用 Line 命令依据图示画出里面的折线。

(10) 活性炭塔

键入 Rectangle 命令，圆出活性炭塔上半部分的矩形，再用 Line 命令画出下半部分的斜线。

(11) 画搅拌池与石灰渣量贮池

键入 Rectangle 命令，画出搅拌池与石灰渣量贮池外面的矩形。

(12) 布图

键入 Move 命令，把画好的各个部分按图示移到相对位置。

(13) 管道、阀门及泵的绘制

① 键入 Pline 命令，设置线宽为 0.7mm，依据图示尺寸将各个部分用粗实线连接起来。

② 键入 Line 命令，依据图示尺寸画出阀门，用 Wblock 将其定义成一个块，再用 Insert 命令插入到图示位置。

③ 键入 Circle 命令画出泵上的圆，用 Line 命令画出下面的线，再用 Trim 命令进行修剪如图所示，用 Wblock 将其也定义成一个块，再用 Insert 命令插入到图示位置。

④ 用 Trim 进行修剪至图 4-20 所示。

(14) 设置字体，进行标注

① 输入 Style 进行字体设置。新建两种字体，具体要求如下：

汉字字形名 fs；字体仿宋 GB_2312.shx；宽高比 0.8；角度 0；

西文字形各 xw；字体 simplex.shx；宽高比 0.8；角度 0。

② 键入 Dtext 进行文字标注。

经过以上 14 步的绘制过程，完成的味精工业废水处理流程图如图 4-20 所示。

4.16 印染废水处理流程图

4.16.1 印染废水处理流程图说明

图 4-21 是印染废水处理流程图，用到的主要命令是 Layer、Limits、Line、Pline、Trim、Copy、Style、Dtext、Wblock、Insert、Ellipse、Rectangle、Array、Move、Circle 等。

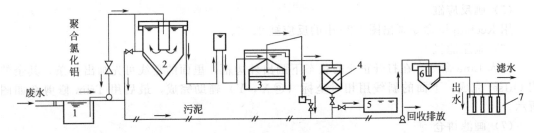

图 4-21 印染废水处理流程图

1—调节池；2—水力循环澄清池；3—无阀滤池；4—活性炭吸附池；5—清水池；6—污泥浓缩池；7—真空吸滤机

4.16.2 实例绘制步骤

(1) 创建图层，线型，颜色

打开图层对话框，点击新建 new 按钮。分别建立层、颜色、线型。具体要求如下：①L1 层，红色，Center；②L2 层，黄色，Dashed；③L3 层，白色，Continue。

(2) 创建图框

a. (打开正交 ortho，切换至 L3 层) 输入 Line，依据尺寸画细边框线。

b. 输入 Pline，用相对坐标 (@X, Y)，依据尺寸画粗边框线，线宽 0.5mm。

(3) 画调节池

键入 Rectangle 命令画出调节池的矩形框，用 Line 画出矩形框左边和右边的直线，用 Spline 命令画出左边的曲线，用 Trim 命令修剪至如图所示。

(4) 画水力循环澄清池

键入 Line 命令，在正交打开的情况下画出图示的形状。里面的弯曲剪头可以先用

Ellipse 画一个椭圆,用 Trim 对其进行修剪,再用 Pline 画一个箭头,对它们进行编辑组合。

键入 Rectangle 命令,画出与水力循环澄清池相连的矩形,用 Line 画出矩形中表示水纹的横线。

(5) 画无阀滤池与活性炭吸附池

键入 Rectangle 命令,画出外面的矩形框,键入 Line 命令画出里面的线,斜线的端点用相对坐标(@X,Y)辅助确定,最后用 Trim 命令进行修剪。

(6) 画清水池

键入 Rectangle 命令,画出外面的矩形框,键入 Line 命令画出里面表示水纹的线。

(7) 画污泥浓缩池

此图形与水力循环澄清池相似,画法可以参照(4)的内容。

(8) 画真空吸滤机

键入 Rectangle 命令,画出外面的矩形框,用 Rectangle 命令画一个里面的小矩形,再用 Array 命令矩形阵列使如图 4-21 所示。

(9) 布图

键入 Move 命令,移动各个零件到图示位置。

(10) 画管道,阀门及泵

键入 Pline 命令,设置线宽为 0.7mm,用粗实线依据图示尺寸把各个零件连接起来。键入 Line 命令,依据图示尺寸画出阀门,用 Wblock 将其定义成一个块,再用 Insert 命令将其插入到图示的位置。键入 Circle 命令,画出泵上的圆,再用 Line 命令画出下面的线。最后用 Trim 进行修剪至如图所示。

(11) 设置字体,进行标注

① 键入 style 进行宋体设置。新建两种字体,具体要求如下:

汉字字形名 fs,字体仿宋 GB_2312.shx,宽高比 0.8,角度 0;

西文字形名 xw,字体 simplex.shx,宽高比 0.8,角度 0。

② 键入 Line 命令,画出箭头的细线部分,键入 Pline 命令,设置不同线宽,画出箭头,用 Wblock 将其定义成一个块,再用 Insert 命令将其插入到图示位置。键入 Trim 命令进行修剪至如图所示。

③ 键入 Dtext 命令进入文字标注。

经过以上 11 步的绘制过程完成的染废水处理流程图如图 4-21 所示。

4.17 毛纺染色废水处理流程图

4.17.1 毛纺染色废水处理流程图说明

图 4-22 是毛纺染色废水处理流程图,本图用到的主要命令有 Layer、Pline、Line、Rectangle、Circlc、CopyObject、Wblock、Fillet、Move、Mirror、Trim、Hatch、Rotate、Text。以下说明具体绘制步骤。

4.17.2 实例绘制步骤

(1) 创建图层、颜色、线型

选择 object properties 工具条中的 Layers 命令,或在命令行输入 Layer 命令,创建图层;单击"new"按钮,创建新图层并显示在大文本框中。新建图层名分别为"设备"、"阀

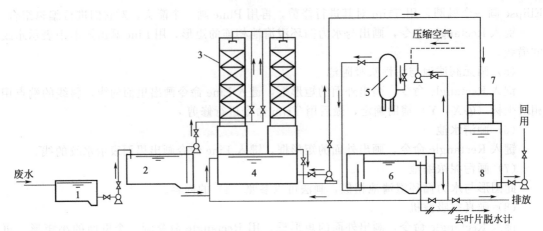

图 4-22　毛纺染色废水处理流程图
1—筛网吸水井；2—调节池；3—滤塔；4—回用水池；5—溶气罐；6—汽浮池；7—快滤池；8—清水池

门"、"废水路线"及"文本标注"，颜色分别为白色、白色、绿色、橙红色，线型均为默认线型，即"continuous"。

(2) 设置捕捉功能

选择 tool 菜单中的 Drfting Setting 命令，或把鼠标置于 snap 按钮上右击鼠标选择 Setting 命令，在弹出的对话框中设置端点、中点、交点、最近点的捕捉功能。

(3) 绘制设备示意图

打开图层名为"设备"的图层，颜色、线型随层。

① 确定设备的相对位置。

② 绘制筛网吸水井。选择 Line 命令，用相对坐标（即@X，Y）形式或极坐标（即@$X<a$）形式确定顶点位置。

③ 绘制调节池，选择 Line 命令，用相对坐标（即@X，Y）形式或极坐标（即@$X<a$）形式确定顶点位置。

④ 绘制滤塔及回用水池

a. 绘制回用水池及左半边滤塔。选择 Rectangle 命令，绘制各矩形；用 Move 命令调整各实体的位置。选择 Line 命令，在正交模式下绘制滤塔外轮廓；在非正交模式下绘制滤塔内部直线及斜线。选择 Line 命令，绘制滤塔中的喷头。

b. 绘制右半边滤搭。选择 Mirror 命令，确定实体及对称点，镜像左半边滤塔。

⑤ 绘制溶气罐

a. 绘制罐体。选择 Line 命令，绘制直线；modify 工具条中的 Fillet 命令对直线实现倒角。

b. 绘制支架。选择 Line 命令，绘制直线；用 modify 工具条中的 Trim 命令进行修改。

⑥ 绘制气浮池。选择 Line 命令，用相对坐标（即@X，Y）形式或极坐标（即@$X<a$）形式确定顶点位置。

⑦ 绘制快滤池及清水池

a. 选择 Rectangle 命令，绘制设备轮廓矩形。

b. 选择 Line 命令，绘制直线隔离出区域。

c. 选择 Hatch 命令，在出现的对话框中，单击 pattern 的下拉菜单，确定填充图案为混凝土图案 AR-CONC，注意填充图案的角度及比例，再单击 ok 按钮，即完成填充任务。

⑧ 绘制水泵

a. 选择 Circle 命令，确定圆心、半径作圆。
b. 选择 Line 命令，绘制直线。
c. 选择 Trim 命令，进行修剪。
d. 选择 Copy Object 命令，对水泵进行多个复制。

（4）绘制废水流程路线

打开图层名为"废水路线"的图层，颜色、线型随层。

① 选择 Pline 命令，注意线宽，绘制直线连接各设备。
② 选择 Pline 命令，改变线宽，绘制表示流程方向的箭头。
③ 选择 Rotate 及 Move 命令，确定箭头的位置。

（5）绘制阀门

打开图层名为"阀门"的图层，颜色、线型随层。

① 选择 Pline 命令，线宽为"0"，绘制阀门。
② 选择 Copy Object 命令，对阀门进行多个复制；并用 Rotate、Trim 命令进行修改。还可以把阀门作块，依次以不同的旋转角度插入。

（6）文本标注

打开图层名为"文本标注"的图层，颜色、线型随层。

选择 format 下拉菜单中的 Text Style 命令，设置字体及字的横宽比例；在命令提示行中输入 Text 命令，依次输入给水路线标注所需文本。

经过以上 6 步的绘制过程，完成的毛纺染色废水处理流程图如图 4-22 所示。

4.18　医院污水处理流程图

4.18.1　医院污水处理流程图说明

图 4-23 是某综合医院污水处理流程图，本图用到的主要命令有 Pline、Line、Rectangle、Hatch、Copy、Text，以下说明绘制步骤。

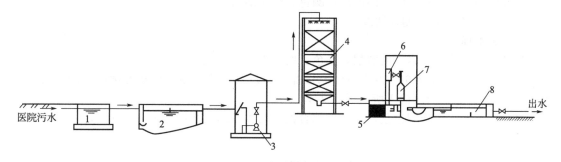

图 4-23　某综合医院污水处理流程
1—沉砂池；2—沉淀池；3—泵房；4—滤塔；5—加氧池；6—加氯机；7—氯瓶；8—接触沉淀池

4.18.2　实例绘制步骤

（1）创建图层、颜色、线型

选择 object properties 工具条中的 Layers 命令，或在命令行输入 Layer 命令，创建图层；单击 new 按钮，创建新图层并显示在大文本框中。新建图层名分别为"设备"、"污水流程"、"标注线"、"文本";颜色分别为白色、绿色、水蓝色、橙红色;线型均为默认线型,即"continuous"。

(2) 设置捕捉功能

选择 tool 菜单中的 Drafting Setting 命令,或把鼠标置于 snap 按钮上右击鼠标选择 Setting 命令,在弹出的对话框中设置端点、中点、交点、最近点的捕捉功能。

(3) 绘制设备示意图

打开图层名为"设备"的图层,颜色、线型随层。

① 绘制沉砂池。

a. 选择 Rectangle 命令,确定第一顶点、第二顶点绘制矩形;并用 Move 命令调整位置。

b. 选择 Line 命令,绘制水平面。

② 绘制沉淀池。选择 Line 命令,在命令行输入相对坐标的形式,绘制轮廓。

③ 绘制泵房

a. 选择 Rectangle 命令,确定第一顶点、第二顶点绘制矩形;并用 Move 命令调整位置。

b. 选择 Line 命令及 Circle 命令,绘制水泵及其他轮廓。

④ 绘制滤塔

a. 选择 Line 命令,打开正交模式,绘制边框线。

b. 用 Line 命令,在非正交模式状态下,绘制滤塔内部各线。

⑤ 绘制其他设备。选择 Line 命令及 Pline 命令(线宽为"0",绘制圆弧线)绘制;并用 Hatch 命令(图案为混凝土图案 ar-conc)进行图案填充。

(4) 绘制污水流程路线

打开图层名为"污水流程"的图层,颜色、线型随层。

① 绘制流程路线。选择 Pline 命令,注意线宽,绘制流程路线;并绘制箭头标明方向。

② 绘制阀门。选择 Line 命令,在命令行输入相对坐标的形式,绘制阀门;并用 Copy 命令进行复制。

(5) 绘制标注线

打开图层名为"标注线"的图层,颜色、线型随层。

选择 Line 命令,绘制标注线。

(6) 文本标注

打开图层名为"文本"的图层,颜色、线型随层。

选择 format 下拉菜单中的 Text Style 命令,设置字体及字的横宽比例;在命令提示行中输入 Text 命令,依次输入所需标注文本。

经过以上 6 步的绘制过程,完成的综合医院污水处理流程图如图 4-23 所示。

4.19 沉淀池配筋剖面图

4.19.1 沉淀池配筋剖面图说明

图 4-24 是沉淀池配筋剖面图,本图用到的主要命令有 Layer、Pline、Line、Rectangle、Hatch、Donut、Copy、Mirror、Dimension、Text Style、Text 等。以下说明具体的绘制步骤。

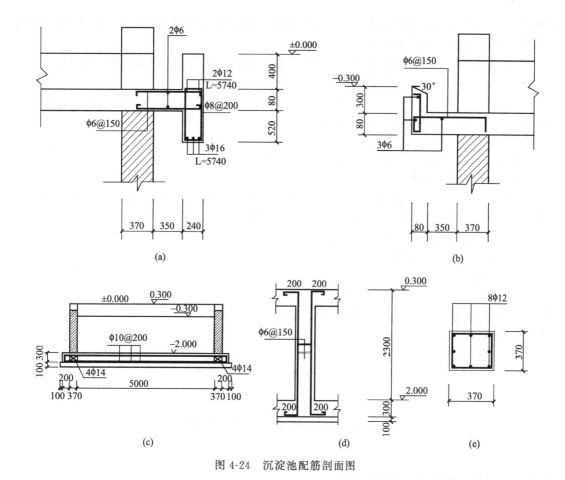

图 4-24 沉淀池配筋剖面图

4.19.2 实例绘制步骤

(1) 创建图层、颜色、线型

选择 Layers 命令,或在命令行输入 Layer 命令,创建图层;单击 new 按钮,创建新图层并显示在大文本框中。新建图层名分别为"配筋"、"槽池"、"标注";颜色分别为绿色、白色、水蓝色;线型均为默认线型,即"continuous"。

(2) 设置捕捉功能

选择 tool 菜单中的 Drafting Setting 命令,或把鼠标置于 snap 按钮上右击鼠标选择 Setting 命令,在弹出的对话框中设置端点、中点、交点、最近点的捕捉功能。

(3) 绘制沉淀池剖面

打开图层名为"槽池"的图层,颜色、线型随层。

① 选择 Line 命令及 Rectangle 命令绘制沉淀池剖面轮廓。

② 选择 Line 命令绘制断面线。

③ 选择 Hatch 命令,在出现的对话框中,单击 Pattern 的下拉菜单,确定填充图案为钢筋混凝土图案 ANSI31 注意选择合适的比例和角度,再单击 ok 按钮,即完成沉淀池剖面的填充任务。

(4) 绘制钢筋

打开图层名为"配筋"的图层,颜色、线型随层。

① 绘制主筋。选择 Pline 命令,打开正交 F8,以鼠标导向,在命令行输入各方向主筋

的长度,注意线宽;对于图 4-24(c)、(d)中的主筋,可以先用 Pline 命令绘制一根主筋,再用 Mirror 命令对其镜像得到另一根主筋。

② 绘制环筋。选择 Rectangle 命令,确定第一顶点、第二顶点绘制矩形;用 Modify 工具栏中的 Polyline 命令,将其修改为多义线,并改变线宽。

③ 绘制钢筋剖面。选择 Donut 命令,确定圆心,内径为"0"、外径为钢筋直径,绘制实心圆;用 Copy 命令对其进行多个复制。

(5) 标注

打开图层名为"标注"的图层,颜色、线型随层。

① 尺寸标注系统设置及标注

a. 选择 Dimension Style 命令,在弹出的对话框中单击 modify 按钮,设置箭头为 Architectural tick 形式、文本形式及文本与标注线的关系等功能。

b. 选择 dimension 工具条中的各标注命令,依次进行所需标注。

② 高度符号及钢筋式样标注

a. 选择 Line 命令,绘制高度符号。

b. 选择 format 下拉菜单中的 Text Style 命令,设置字体为"宋体"及字的横宽比例;在命令提示行中输入 Text 命令,依次输入所需标注文本,特殊标注符号"Φ"和"@"可以通过软键盘找到。

c. 将上述高度符号制作成块,在以后的标注中随时使用。

经过以上 5 步的绘制过程,完成的沉淀池配筋剖面图如图 4-24 所示。

4.20 反应器进水管线图

4.20.1 反应器进水管线图说明

图 4-25 是反应器进水管线图,本图用到的主要命令有 Layer、Pline、Line、Rectangle、Trim、Wblock、Hatch、Text Style、Text 等。以下具体说明绘制步骤。

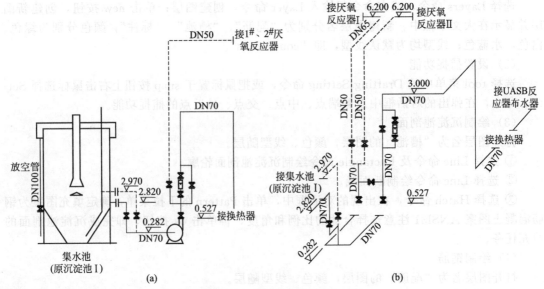

图 4-25 反应器进水管线图

4.20.2 实例绘制步骤

(1) 创建图层、颜色、线型

选择 Layers 命令,或在命令行输入 Layer 命令,创建图层;单击 new 按钮,创建新图层并显示在大文本框中。新建图层名分别为"水池"、"实线"、"虚线"、"阀门"、"标注";颜色分别为白色、绿色、黄色、白色、水蓝色;线型分别为"continuous"、"continuous"、"dashed"、"continuous"、"continuous"。

(2) 设置捕捉功能

选择 tool 菜单中的 Drfting Setting 命令,或把鼠标置于 snap 按钮上右击鼠标选择 Setting 命令,在弹出的对话框中设置端点、中点、交点、最近点的捕捉功能。

(3) 绘制集水池

打开图层名为"水池"的图层,颜色、线型随层。

① 选择 Rectangle 命令,确定第一顶点、第二顶点绘制矩形;并用 Trim 命令进行适当的修剪,壁及池顶绘制。

② 选择 Line 命令绘制中心管、反射板等其他部分。

(4) 绘制实线管道路线

打开图层名为"实线"的图层,颜色、线型随层。

选择 Pline 命令,注意线宽,以鼠标导向,在命令行输入各方向实线管道的长度;并连接各管道线,避免管道拐角处断开。

(5) 绘制虚线管道路线

打开图层名为"虚线"的图层,颜色、线型随层。

选择 Pline 命令,注意线宽,以鼠标导向,在命令行输入各方向实线管道的长度;并连接各管道线,避免管道拐角处断开。

(6) 绘制阀门

打开图层名为"阀门"的图层,颜色、线型随层。

① 选择 Pline 命令,线宽为"0"在命令行输入相对坐标形式,绘制阀门。

② 用 Wblock 命令把阀门做成块,再依次插入,注意插入的角度。

③ 选择 Hatch 命令,确定填充图案为 SOLID,对阀门的下三角部分进行填充。

④ 绘制水泵:选择 Circle 及 Line 命令,注意其对称性,绘制水泵示意图。

(7) 标注

打开图层名为"标注"的图层,颜色、线型随层。

① 选择 Line 命令,绘制高度标志符号;并做成块依次插入。

② 选择 format 下拉菜单中的 Text Style 命令,设置字体为"宋体"及字的横宽比例;在命令提示行中输入 Text 命令,依次输入所需标注文本。

经过以上 7 步的绘制过程,完成的反应器进水管线图如图 4-25 所示。

第5章 室内给排水工程CAD制图方法与实例

5.1 给排水工程CAD制图概述

5.1.1 给排水工程制图概述

给排水工程图是表达给水、排水及室内给排水工程设施的结构形状、大小、位置、材料以及有关技术要求等的图样,供交流设计和施工人员按图施工。一般有基本图(平面图、高程图、剖面图及轴测图等)和详图。与建筑工程图一样,亦具有小比例、多详图、多图例等特点。

由于室内给排水、室外输水管渠及水处理工程系统的组成各有特点,所以它们的工程图样也要针对其特点采用适当的图示方法。例如对于水处理构筑物及设备可像一般工程物体一样,使用工程制图中通常采用的多面正投影图、假想剖切等图示方法来表达。而对于管道部分,除在构筑物工艺图、详图等中的管道以外,由于管道长度大而直径小,且横断面形状变化不多,所以常采用不同线型的单线或附加字母的单线来表示,不画出其真实的投影图。通常所说的室内给水排水工程是一种建筑设备工程,其工程图样不仅要画出给水排水管道,而且还要画出建筑物的有关轮廓,但又不能完全按照建筑工程的画法绘制,必须各有主次,重点突出,层次分明,使图样清晰,便于阅读,利于施工。因此本部主要讨论室内给排水工程图、室外给排水工程图的图示方法和绘图特点,通过这些内容的学习使读者掌握给水排水工程图绘制的基本方法。

给排水专业制图应按照建筑制图国家标准绘制。图中的图线、比例及字体除遵照《房屋建筑制图统一标准》(GB/T 50001—2010)中有关规定外,还需符合《建筑给水排水制图标准》(GB/T 50016—2010)中的要求。

(1) 给排水专业图中的管道图示及其应用

管道一般由管子、管件及其附属设备等组成。如果按照投影制图的方法画管道,则应将上述各组成部分的规格、形式、大小、数量及连接方式都遵循正投影规律并按一定的比例画出来。在计算机上绘图,图形可以随意缩放,因此能够在很小的图形界限内画出复杂而精确的图形。而在实际绘图中,为了使图面简洁以增强其可读性,则应根据管道图样的比例及其用途来决定管道图示的详细程度。在给水排水专业图中一般有下列三种管道图示方法。

① 单线管道图。在比例较小的图样中,不需要按照投影关系画出细而长的各种管道,不论管道的粗细,都只采用位于各个管道中心轴线上的、线宽为 b 的单线图例来表示管道。它通常采用多义线命令 Pline 绘制,给排水制图中常见的管道图例与化工设计中单线管道图例一致。

用单粗线绘制各种管道的图示方法在给水排水专业图中得到广泛的应用。通常用于室内给排水平面图、给水管道系统图、排水管道系统图;室外给排水平面图、管道节点图、给水管道纵断面图；水处理厂（站）平面图、水处理高程图。有时，在水处理构筑物工艺图中个别管道亦用单粗线绘制，在同一张图上的给水、排水管道，习惯上用粗实线表示给水管道，粗虚线表示排水管道。

② 双线管道图。此种管道图示只用两条粗实线表示管道，不画管道中心轴线。一般用于重力管道纵断面图，如室外排水管道纵断面。这样的管道通常采用复合线命令 Mline，设置合适的双线间距，再设置该图层的线宽即可；也可采用多义线命令 Pline，设置合适线宽，先绘制管道一侧，再平行复制 Offset 另一侧完成。

③ 三线管道图。这种管道图示就是用两条粗实线画出管道轮廓线，用一条细点划线画出管道中心轴线。同一张图上的不同类别管道常用文字注明。三线管道图广泛应用于给排水专业图中的各种详图，如室内卫生设备安装详图，管道及管件安装详图，水处理构筑物工艺图及泵房平、剖面图等。此外，在封闭循环回水管道节点图中，当管道连接高差较大时，亦采用这种管道。

三线管道绘制有两种方法。

a. 交互绘图方法，可采用 Pline、Line、Arc、Offset 等命令先选画出一段三线管，再复制到所需的各位置，并用拉伸 Stretch、动态延长 Lengthen、剪切 Trim 等命令调整其长度的方法进行绘制。

b. 编程绘制，读者在第 7 章和第 10 章可以看到，将一些常用的管道已经编程了 Auto Lisp 参数化的程序，运行这些程序，您只需在命令行键入实际工程中管道的一些参数，程序自动运行完成所有管道的绘制。当然程序并不是万能的，最后还需要辅以简单的交互绘制、编辑、连接等命令的配合使用，才能使设计工作更加完美。在北航海尔公司出品的"CAXA 电子图板"中有常用管道及其零件的图库，像三线管道图中的弯头、法兰等，直接调用十分方便。习惯使用 AutoCAD 的读者也不妨尝试一下"电子图板"。如果希望在 AutoCAD 软件中使用这些图块，则只需将此图库中的图形以交叉引用文件的形式输出到一子目录中并起好简明易认的文件名，就等于建成了自己零件图库，以后画图时就可以很方便地使用了。

(2) 给排水专业图中的管道连接及其图示

在给排水工程中经常需要把管子、管件连接并组合成各种管道系统，不同材质、不同用途的管道还可能采用不同的连接方式。给排水工程常用的管道连接形式、图例如图 5-1 所示。

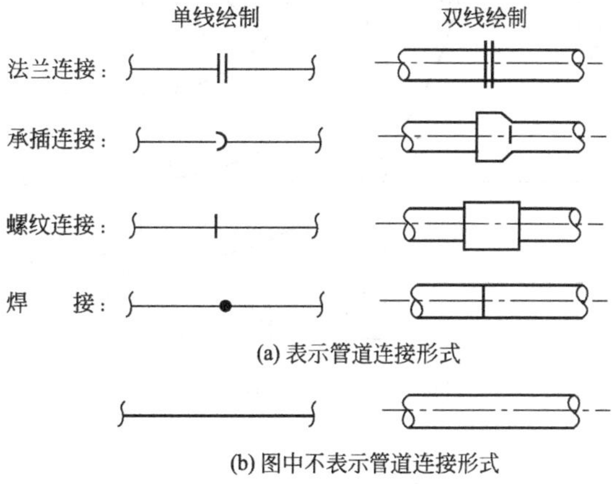

(3) 给排水专业图中的管道的标注

① 标高符号。按照《给水排水制图标准》(GBJ 106—87)，应标注管道起止点、转角点、连接点、变坡点、交叉点的标高符号。对于压力管道宜标注管中心标高；室内外重力管道宜标注管内底标高。若在室内有多种管道架空敷设且共用支架时，为了方便标高的标注，对于重力管道也可标注管中心标高，但图中应加以说明。室内管道应标注相对标高；室外管道宜标注绝对标高，必要时可标注相对标高。

标高符号包括文字一起定义成块，插入点设在标高线上，标注时利用"对象追踪"功能，正交方式下鼠标在设备或构筑物上选择需要标高的位置后稍停，再向左右平移选择适当的插入点。对于一张图内，标高符号的大小、字体应一致，在图块插入后，至少要对标高数

图 5-1 给排水工程中常用的管道连接形式、图例

字用文字修改命令 Ddedit 将其修改合适。

② 管径。管径尺寸应以毫米（mm）为单位。对我国管材产品，管径有不同的标注要求，如表 5-1 所列。

表 5-1 管径标注

管径标注	用公称直径 DN 表示	用管道内径 d 表示	用管道外径 D×壁厚表示
适用范围	低压流体输送用镀锌焊接钢管	耐酸陶瓷管	无缝钢管
	不镀锌焊接钢管	混凝土管	螺旋缝焊接钢管
	铸铁管	钢筋混凝土管	
	硬聚氯乙烯管、聚丙烯管	陶土管（缸瓦）	
标注举例	DN200	D380	D108×4

管径标注通常用管道公称直径 DN 表示，如 DN100、DN50 等。如果希望提高设计效率，其标注方法通常采用编程的方法。具体细节请参考第 7 章和第 10 章内容。

(4) 给排水专业图中的管道画法

作为专业设计人员需要不断地对 CAD 图库进行增加、维护、修改等工作，设计人员高效率的设计通常是在占有丰富的图形库、参数化图形库的积累基础上。

不同材质的管子与其各种形式的管件，在采用不同的管道连接方式时，便组成了空间位置各异、用途不同的管道系统。此处仅以法兰连接 90°弯管为例，来说明三线管道图和单线管道图的画法。

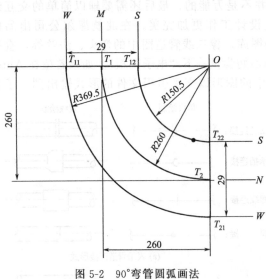

图 5-2 90°弯管圆弧画法

法兰连接（以简化画法为例）若为 DN200 的钢管，采用 90°钢制弯头，比例为 1:5，其画法步骤如下。

① 查对照尺寸表得：DN200 的 90°钢制弯头外径 D 为 219mm，转弯半径 R 为 260mm，弯头两盘端距相应管中心轴线的距离 $L0$ 均为 300mm；法兰盘外径 D 为 315mm，法兰盘厚度 b 为 22mm。

② 按管道位置绘出两条垂直相交的管道中心轴线 M 和 N，用平行复制命令 Offset 偏移轴线生成，如图 5-2 所示。管中心线 M 和 N 连接圆弧半径 $R260$，用 Fillet 命令，以及 $R260$ 圆弧倒角连接 M 和 N。用 $R369.5$（即 $260+109.5$）和 $R150.5$（即 $260-109.5$）对 S 和 W 作倒角。

另外，亦可用先将中心线以多义线方式绘出，再用 Offset 命令以 109.5mm 为偏移距离做出管道外轮廓直线 W 和 S。

③ 分别作管中心线 M 和 N 平行且相距为 300mm 的二直线 P 和 Q（如图 5-3 所示），即为 90°钢制弯头两端法兰盘的边线。以法兰盘外径 315mm 及其厚度 22mm 为边长，用矩形命令 Rectangle 画矩形 $P_1P_2P_3P_4$ 和 $Q_1Q_2Q_3Q_4$，即为弯头两法兰盘简化的矩形。

5.1.2 室内给排水工程制图

(1) 概述

室内给排水工程是市政建设的重要组成部分，它的发展与更新已成为现代化建设的主要标志之一。

室内给排水工程通常是指，从室外给水管网引水到建筑物内的给水管道，建筑物内部的给水及排水管道，自建筑物内排水到检查井之间的排水管道以及相应的卫生器具和管道附件。它一般包括：室内给水，室内排水，有时亦涉及热水供应、局部给水处理、公共浴池和游泳池给水排水、屋面排水及小型污水处理设施等。

（2）室内给排水工程图

室内给排水工程设计是在相应的建筑设计的基础上进行的建筑设备工程设计，所以室内给排水工程图是借助于已有的建筑图而绘制的给排水设备工程图。

室内给排水工程图应包括所有室内给排水工程设计内容的图样，如室内给水工程图、室内排水工程图、局部给水处理工艺设备图、小型污水处理工艺设备图等，内容多而复杂。本书只以其中较简单的室内给水和排水工程图为例加以说明。

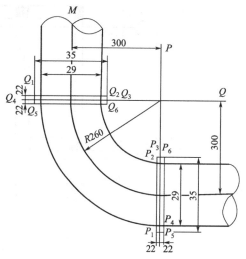

图 5-3 法兰连接画法示例

① 室内给排水平面图。室内给排水平面图表示室内卫生器具及水池、阀门、管道及附件等相对于该建筑物的平面布置情况，它是室内给排水工程最基本的图样。本部分介绍室内给排水平面图的主要内容，讲述室内给排水平面图的图示特点及其画法。

a. 室内给排水平面图的主要内容。图 5-4 所示为某建筑室内给排水平面图。

ⅰ. 卫生器具及水池的平面位置，例如大小便器（槽）、盥洗槽、污水池及淋浴器等的平面位置。

ⅱ. 各立管、干管及支管的平面布置以及立管的编号。

ⅲ. 阀门及管道附件的平面布置，例如截止阀、放水龙头、室内消火栓、地漏及清扫口等的平面布置。

ⅳ. 给水引入管的平面位置及其编号，排水排出管的平面位置及其编号。

ⅴ. 必要的图例、标注等。

b. 室内给排水平面图的图示特点。室内给排水平面图应按直接正投影法绘制，它与相应的建筑平面图、卫生器具以及管道布置等密切相关，因而具有下列主要特点。

ⅰ. 比例。常用的比例见《给水排水设计手册》。一般采用与该建筑物的建筑平面图相同的比例，常用 1∶100。必要时，亦可用 1∶50 等常用比例，图 5-4 就是采用 1∶50 绘制。

ⅱ. 布置方向。按照《房屋建筑制图统一标准》（GB/T 50001—2010）的规定，"不同专业的个体建（构）筑物的平面图，在图纸上的布图方向均应一致"。因此，给排水平面图在图纸上的布图方向应与相应建筑平面一致。

ⅲ. 平面图的数量。一般说来，多层建筑物的室内给排水平面图原则上应该分层绘制，并在图下方注写其图名。对于建筑平面布置及卫生器具和管道布置、数量、规格均相同的楼层平面可以只绘制一个给排水平面图，但需注明适用各楼层。对于底层给排水平面图则仍然必须单独画出。

若屋面上有给排水管道，通常附在顶层给排水平面图上，必要时亦可另绘屋顶给排水平面图。

在底层给排水平面图上，不但需绘底层的给排水管道及卫生器具，还需画出给水引入管和排水排出管。必要时还绘出相关的阀门井和检查井。底层给排水平面图最好能画出整幢建

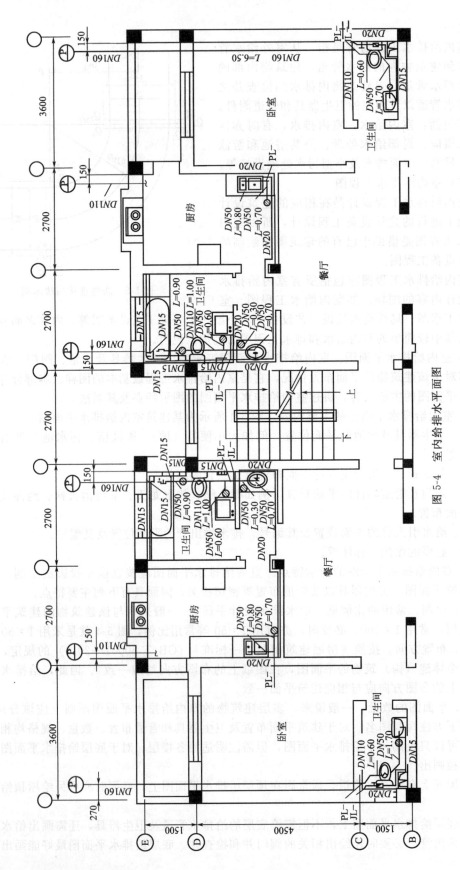

图 5-4 室内给排水平面图

筑物的底层平面图，其余各层则可以只画出布置有给排水管道及其设备的局部平面图，以便更好地与整幢建筑及其室外给排水平面图对照阅读。但是，若该幢房屋很大，而管道集中或管道又不多的情况下，亦可仅绘制布置有给排水系统的局部底层给排水平面图。图5-4即仅绘出局部平面图。

　　iv. 建筑平面图。室内给排水平面图中相应的建筑平面图不是为土建施工而绘制的，而是作为室内给排水管道及其设备在平面上布置、定位的基准而画出的。因此，不必画建筑细部、亦不标注门窗代号、编号等，而只需用细实线（0.35b）抄绘墙身、按、门窗洞、楼梯以及台阶等主要构配件，并画出相应轴线，楼层平面图可只画相应首尾边界轴线。底层平面图一般要画指北针。

　　v. 卫生器具平面图。室内卫生器具如大便器、小便器、洗脸盆等皆为定型工业产品，而大便槽、小便槽、盥洗台、污水池等虽非工业产品，而是现场砌筑，但其详图由建筑设计人员提供，所以室内卫生器具均不必详细绘制。定型工业产品的卫生器具则需按《建筑给水排水制图标准》（GB/T 50106—2010）中的图例绘制。对现场施工的卫生器具亦仅需绘其主要轮廓。卫生器具均用细线（0.35b）绘制。

　　vi. 给水排水管道平面图。室内给排水平面图中，不论管道在地面上或在地面下，均作为可见管道，按照选定的单粗线绘制。位于同一平面位置的两根或两根以上的不同高度的管道，为了图示清楚，宜画成平行排列的管道。无论是明装管道或是暗装管道，平面图中的管道线仅表示其示意安装位置，并不表示其具体平面位置尺寸。图5-4的管道采用明装敷设方式。当管道暗装时，图5-4上除应有说明外，管道线应绘在墙身断面内。

　　给排水管道上所有附件均按《建筑给水排水制图标准》（GB/T 50106—2010）中图例绘制。对于建筑物的给排水进口、出口，宜注出管道类别代号，其代号通常采用管道类别的第一个汉语拼音字母，如"J"即给水，"P"即排水，当建筑物的给水排水进、出口数量多于1个时，宜用阿拉伯数字编号，以便查找和绘制系统图。编号宜按图5-5的方式表示（该图即表示1号排出管或1号排水出口）。

　　对于建筑物内穿过一层及多于一层楼层的立管，用黑圆点表示，直径约为3b，并在旁边标注立管代号，如"JL"、"PL"分别表示为给水、排水立管。当建筑物内穿过一层及多于一层楼层的立管数量多于1个时，宜用阿拉伯数字编号。编号宜按图5-6的方式表示（该图即表示1号给水立管）。

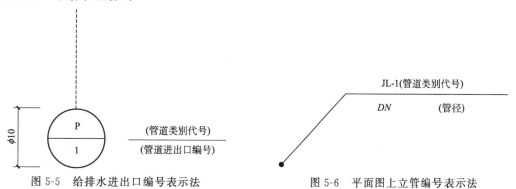

图5-5　给排水进出口编号表示法　　　　图5-6　平面图上立管编号表示法

　　当给水管与排水管交叉时，应该连续画出给水管，断开排水管。

　　vii. 标注

　　• 标注尺寸。建筑物的平面尺寸一般仅在底层给排水平面图中标注轴线间尺寸。沿墙铺设的卫生器具和管道一般不必标注定位尺寸，必要时，应以轴线或墙面或柱面为基准标注。卫生器具的规格可用文字标注在引出线上，或在施工说明中写出，或者在材料表中注写。管道的长度般不标注。因为在设计、施工的概算和预算以及施工备料时，一般只需用比例尺从图中近似量出，在施工安装时则以实测尺寸为依据。除立管、引入管、排出管外，管道的管径、坡度等习惯注写在其系统图中，通常不在平面图中标注。

•标注标高。底层给排水平面图中需标注室内地面标高及室外地面整平标高。楼层给水排水平面图亦应标注该层标高，有时还要标注出用水房间外附近的楼面标高。所有标注的标高均为相对标高。

•注写必要的文字。注写相应平面的功用文字。

c. 室内给排水平面图的CAD制图步骤。对于经常从事给排水设计制图的人员，由于重复图形非常多，所以提高效率最好的方法就是建立常用图库和常用模板，图库中除包括水表井、阀门井、消火栓以及排水系统中的检查井及化粪池等图形外还应存图例、标高符号等，总之越丰富越能减少重复劳动。

建模板时皆先建立图层，用不同颜色、线型、线宽区分各类图形。建立图层时既要考虑绘制的方便又要考虑出图的美观。如果图层所用颜色较多，出图时选用单色模式比逐个设笔色与笔宽要省事。接着设置单位、文字样式以及标注的样式和比例。模板应包括图框、标题栏、风玫瑰等，这些可在模型空间绘制，也可在纸样空间绘制。只要能顺利完成设计任务，完全可以发挥自己的创造力，绘图方法不必强求一致。

绘制室内给排水工程图，通常首先绘制给排水平面图，然后绘制其系统图。绘制室内给排水平面图时，一般先绘底层给排水平面图，再画其余各楼层给排水平面图。绘制每一层给排水平面图底稿的画图步骤如下。

ⅰ. 复制建筑平面图。室内给排水平面图中的建筑轮廓应与建筑专业一致，因实际工作中往往是先有建筑平面图后画给排水平面图，所以通常只需将建筑平面图删去不需要的部分后即可开始下一步工作。

ⅱ. 绘制卫生器具平面图。各卫生器具外形最好是以图块文件形式存入一个子目录中，方便随对取用。注意图块名最好用中文命名，直观且便于交流。

ⅲ. 绘制给排水管道平面图。简单地说，画室内给水平面图就是用沿墙的直线连接各用水点；画室内排水平面图就是用沿墙的直线将卫生器具连接起来。画室内给排水平面图时，一般先画立管，然后画给水引入管和排水排出管，最后按照水流方向画出各干管、支管及管道附件。

ⅳ. 插入必要的图例。

ⅴ. 布置应标注的尺寸、标高、编号和必要的文字。

② 给排水系统图。给排水系统图反映给排水管道系统的上下层之间、前后左右之间的空间关系，各管段的管径、坡度和标高，以及管道附件在管道上的位置等。它与室内给排水平面图一起，表达建筑物的给排水工程空间布置情况。本部分主要讲述其图示特点及画图步骤。

a. 给排水系统图的图示特点。由图5-7室内给排水平面图画出的给排水系统图如图5-7和图5-8所示。它们是按正面斜等轴测投影法绘制。在AutoCAD 2012软件中有等轴测图的坐标轴变换方法，以下给出其操作步骤。

Command：snap

Specify snap spacingor ［ON/OFF/Aspect/Rotate/Style/Type］＜10.0000＞：s

Enter snap grid style ［Standard/Isometric］＜S＞：i

Specify vertical spacing＜10.0000＞：回车

即进入等轴测绘制方式，通过Ctrl＋E按键操作，可以在三个坐标轴间轮流切换，从而完成三个方向的等轴测图形绘制。

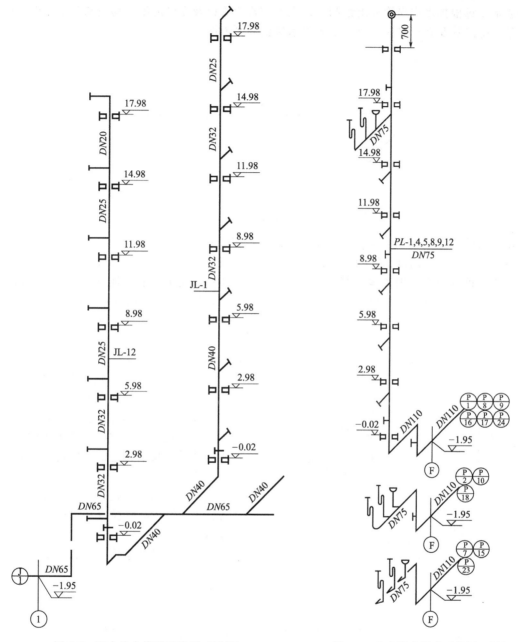

图 5-7　室内给水管道系统图（局部）　　图 5-8　室内排水管道系统图（局部）

ⅰ．比例。通常采用与相应的给排水平面图相同的比例。当局部管道按比例不易表示清楚时，例如在管道或管道附件被遮挡，或者转弯管道变成直线等情况下，这些局部管道可不按比例绘制。

ⅱ．布图方向。给排水系统图的布图方向应该与相应的给排水平面图一致。

ⅲ．轴向及其轴向变形系数。如图 5-9，与其他轴测图一样，系统图的 O_1Z_1 轴总是竖直的，O_1X_1 轴与其相应的给排水平面图图纸的水平线方向一致，O_1Y_1 轴与图纸水平线方向的夹角宜取 45°，必要时亦可取 30°、60°，但相应的给水系统图与排水系统图应用相同角度画出。三轴的轴向变形系数均为 1。

ⅳ．给排水管道系统图。给水管道系统图一般按每根给水引入管分组绘制，排水管道系统图通常按每根排水排出管分组绘制。引入管和排出管以及立管的编号均应与其平面图中的引入管、排出管及立管对应一致。编号表示法仍同平面图。

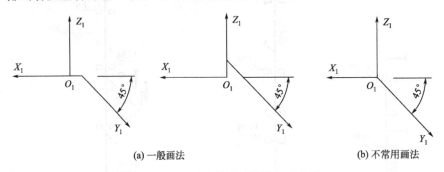

图 5-9　给水排水管道系统轴向示意图

给排水管道在平面上沿 X_1 和 Y_1 向的长度直接从其平面图上量取，管道高度一般根据建筑物的层高、门窗高度、梁的位置以及卫生器具、配水龙头、阀门的安装高度等来决定，例如：盥洗槽水龙头一般离地（楼）面 1.000m，污水池水龙头一般离地（楼）面 0.800m，淋浴器喷头的安装高度一般离地（楼）面 2.100m，接大便器高位水箱进水管的水平支管一般离相应地（楼）面 2.300m。设计安装高度一般由安装详图查得，亦可根据具体情况自行设计。

管道附件、阀门及附属构筑物等仍用图例表示，有坡向的管道按水平管绘出。

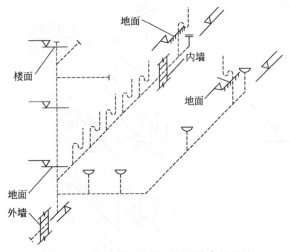

图 5-10　管道穿过地面、楼及墙身的画法

当空间交叉的管道在图中相交时，应判别其可见性，在交叉处，可见管道连续画出，而把不可见管道断开。

当管道过于集中，即使不按比例也不能清楚地反映管道的空间走向时，可将某部分管道断开，移到图面合适的地方绘出，在两者需连接的断开部位，应标注相同的大写拉丁字母表示连接编号。

ⅴ．与建筑物相对位置的表示。为了反映出给排水管道与相应建筑物的位置关系，系统图中要用细实线（0.35b）绘出管道所穿过的地面、楼面、屋面、墙及梁等建筑配件和结构构件的示意位置，画法如图 5-10 所示。

ⅵ．当管道、设备布置复杂，系统图不能表示清楚时，可辅以剖面图。剖面图应按剖切面处直接正投影法绘制，如图 5-11 所示。

ⅶ．标注。管径标注的要求见表 5-1。可将管径直接注写在相应管道旁边，或注写在引出线上。倘若连续几个管段的管径相同时，可仅注初始、末段管径，中间管段管径可省略不标注。标注标高系统图上仍然标注相对标高，并应与建筑图一致。

对于建筑物，应标注室内地面、室外地面、各层楼面及屋面等标高。对于给水管道，应以管中心为准，通常要标注横管、阀门和放水龙头等部位的标高。对于排水管道，一般要标注立管或通气管的管顶、排出管的起点及检查口等的标高。其他排水横管标高一般由相关的

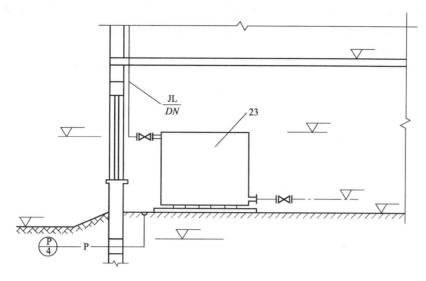

图 5-11 剖面图画法示例

卫生器具和管件尺寸来决定，一般可不标出其标高，必要时，应标注横管的起点标高。横管的标高以管内底为准。

系统图中的标高符号画法与建筑图的标高符号画法相同，但应注意横线要平行于所标的管线，如图 5-7、图 5-8 所示。

系统图中具有管道坡度的所有横管均应标注其坡度，通常把坡度注在相应管段旁边，必要时也可注在引出线上，坡度符号则用单边箭头指向下坡方向，如图 5-8 所示。

若排水横管应用标准坡度，常将坡度要求写在施工说明中，可以不在图中标注。需注意一点，即给水引入管等给水横管的管道坡度方向与水流方向是不一致的，因给水管为压力流管道，而排水管为重力流管道。

ⅷ. 简化图示。当各楼层管道布置、规格等完全相同时，给水或排水系统图上的中间楼层的管道可以不画，仅在折断的支管上注写同某层即可。习惯上将底层和顶层的管道全部画出。

ⅸ. 图例。一般将给排水平面图及其相应给水、排水系统图的图例统一列出，其大小与图中图例基本相同。

随着制图标准的深入施行，按标准绘制的图例符号可不列出图例，只将自行绘制的非标准图例列出即可。

b. 给排水系统图的绘制步骤。通常先画好给排水平面图，再按照平面图画其系统图。布置图面时，习惯把各管道系统图中的立管所能穿过的地面、楼面相应地画在同一水平线上，以利图面整齐，便于画图和读图，系统图底稿图的画法如下。

ⅰ. 确定轴测轴。根据相应的给排水平面图来确定轴测轴。如图 5-7 所示的给水系统图是根据图 5-4 所示的给排水平面图来确定的。

ⅱ. 画立管或者引入管、排出管。一般地说，若一条引入管或排出管只服务于一根立管，通常先画立管，后画引入管或排出管，如图 5-8 即属此种情况；倘若一条引入管或排出管服务于几根立管时，则宜先画引入管或排出管，后画立管。如图 5-7 所示，先画引入管，再画水平干管，最后才画立管。

ⅲ. 画立管上的各地面、楼面（屋面）。立管上的各地面、楼面（屋面）根据设计标高来确定。若屋面无给水设备，给水系统图可不画屋面。

ⅳ．画各层平面上的横管。根据放水龙头、阀门或卫生器具、管道附件（如地漏、存水弯、清扫口等）的安装高度以及管道坡度确定横管的位置。一般先画平行于轴向的横管，再画不平行于轴向的横管。

ⅴ．画管道系统上相应的附件、器具等的图例。画出例如给水系统图上的阀门、放水龙头及水表井等，排水系统图上的卫生器具、管道附件（如检查口、通气帽等）的图例符号。

③ 建筑物给排水总平面图

a．建筑物给排水总平面图的图示特点。由图 5-12 可知，建筑物给排水总平面图虽然属于室内给排水工程图，但其主要目的是要清楚地表达出室内外给排水的连接，因而具有如下图示特点。

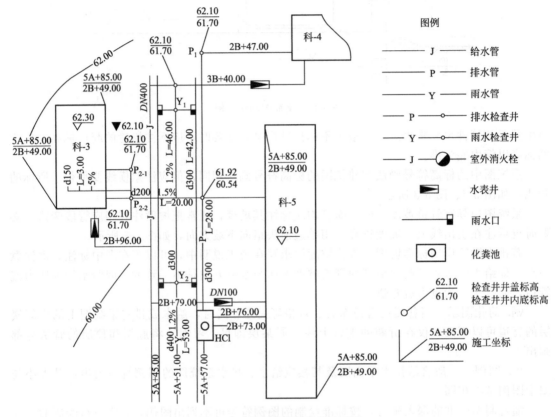

图 5-12 建筑物给排水总平面图

ⅰ．比例。通常采用与该建筑物建筑总平面图相同的比例，一般不小于 1:500，若管（渠）复杂，亦可用大于建筑总平面图的比例画出。

ⅱ．布图方向。建筑物给排水总平面图在图纸上的布图方向应与其建筑总平面图相同。

ⅲ．建筑物建筑总平面图。按建筑总平面图和给排水图例绘制有关建筑物、构筑物。一般应画出指北针或风玫瑰。

ⅳ．给排水管（渠）。由于此图的重点是突出建筑物室内外给排水管道的连接，所以可仅画出局部室内给水和排水管道，只要能清楚地反映室内给水引入管和排水排出管分别与室外给水管道和排水管（渠）的连接情况即可。

习惯把建筑物室内外给水和室内外排水的平面连接合画在同一张总平面图上。

ⅴ．图线。管道用粗单线（b）画出，新建的建筑物可见轮廓用中实线（$0.5b$）绘制，原有的建筑物可见轮廓及图例符号均用细实线（$0.35b$）绘制。

ⅵ. 标注。标注尺寸常将管道的管径（或排水渠断面规格）就近标注或用引出线标注在相应管（渠）旁。管（渠）及其附属构筑物的平面位置，用施工坐标注出，亦可用附近原有房屋或道路等为基准，标注其定位尺寸。

对于一个的阀门井、检查井应编号，并就近标注。检查井编号顺序宜循水流方向，先干管后支管。室外管道宜标注其绝对标高。当无绝对标高资料时，可标注相对标高，但应与同一建筑物的其他专业图的标高一致。图 5-12 中的标高均是绝对标高。标注标高的一般形式是用引出线指向所注检查井（或阀门井），水平横线上方标注井顶盖标高，水平线下方注写井内底标高，如图 5-12；或者在水平线上方注写其编号，下方注写井底标高。

总平面图中坐标、尺寸及标高均以米为单位，取至小数点后两位。

ⅶ. 施工说明。施工说明一般包括以下内容：管径、尺寸、标高的单位；与室内底层设计地面标高±0.000 相当的绝对标高值；管道铺设方式、材料及防腐措施；检查井等的标准图号、规格以及安装、质量验收标准等施工要求。

b. 建筑物给排水总平面图的绘制步骤

ⅰ. 建筑物建筑总平面图，根据给水排水总平面图的复杂程度选择合适比例对其进行缩放。

ⅱ. 建一较浅色图层将室内底层给排水平面图置于其中并锁定该层，以作参考。根据室内底层给排水平面图，画出给水引入管和排水排出管。

ⅲ. 画原有的室外给排水管（渠）道，并绘制它们分别与给水引入管和排水排出管之间的连接管线。

ⅳ. 从图库中调出给水系统中的水表井、阀门井、消火栓等，以及排水系统中的检查井及化粪池等，插入相应位置。

ⅴ. 布置管径、标高、定位尺寸、编号等标注及施工说明文字。

c. 安装详图及管道连接图。室内给水排水工程的安装施工除需要前述的平面图、系统图外，还必须有若干安装详图，有时还需要管道连接图。下面简要介绍安装详图和管道连接图。

ⅰ. 安装详图。由于室内给排水平面图及系统图的比例较小，管道只能用单粗线表示，卫生器具、管道附件以及一些附属构筑物等仅能用图例表示其布置情况，用文字注写其规格，无法详细表达管道与其附件、管道与卫生器具等的详细连接情况，因此室内给排水工程还需要若干安装详图，才能安装施工。详图按照多面正投影原理绘制和阅读。常采用较大比例绘制（具体比例见《给水排水设计手册》）。

详图的特点是图形表达明确，尺寸标注齐全，文字说明详尽（如材料、规格等安装施工要求具体）。常用的卫生器具安装详图可以套用《给水排水标准图集 S342 卫生设备安装》，有关附件安装详图可套用《给水排水标准图集 S220 排水设备附件及安装》。一般不必再绘制安装详图，只需在施工说明中写明所套用的图号或用详图索引符号标注（索引符号画法同建筑施工图）。

因详图绘制较繁，若有特殊要求必须绘制详图的，最好是能利用以往绘制的类似详图作为模板，充分利用已建好的图层和图块以及设置好的文字与标注样式和材料表等，以提高绘图速度。

注意给排水平面图、系统图中各卫生器具、有关附件的平面位置、安装高度必须与相应标准图或自绘安装详图一致。

ⅱ. 排水管道连接图。由于室内排水管道、管件及附件等的备料、安装施工一般均较给水管道困难，因此施工单位希望在设计图中增加排水管道连接图，以便备料及安装施工。

室内排水管道连接图也分为连接平面图和连接系统图。原则上，前者仍按直接正投影法绘制，后者按正面斜等轴测投影法绘制。管道及附件仍画成单粗线，但其中管道附件长度应按照产品的规格，按比例用《建筑给水排水制图标准》(GB/T 50106—2010)规定的图例符号绘制，并附管件材料表。

5.2 室内给水系统图

5.2.1 室内给水系统图说明

图 5-13 是室内给水系统图，用到的主要命令是 Layer、Limits、Line、Pline、Trim、Copy、Style、Dtext、Pedit、Wblock、Insert、Arc、Bhatch、Rectangle 等。

5.2.2 实例绘制步骤

(1) 创建图层、线型、颜色

打开图层对话框，点击新建 new 按钮。分别建立层、颜色、线型。具体要求如下：①L1 层，红色，Center；②L2 层，黄色，Dashed；③L3 层，白色，Continue。

(2) 创建图框

① 打开正交 ortho，切换至 L3 层，输入 Line，依据尺寸画细边框。

② 输入 Pline，用相对坐标（@X，Y），依据尺寸画粗边框。

(3) 画闸阀、水表与单向阀

① 画闸阀。键入 Line 命令，依据图示尺寸画出闸阀中的直线部分，键入 Arc 命令，做弧，连接竖线的端点，再用 Pedit 对细实线进行连接和设置线宽，使如图所示。

② 画水表。键入 Line 命令，依据图示尺寸画出水表，斜线的端点可用相对坐标（@X，Y）来辅助确定，再用 Pedit 对细实线进行连接和设置线宽，使如图所示。

③ 画中单向阀。键入 Line 命令，依据图 5-13 示用细实线画出单向阀，弧线部分可用 Circle 命令做出，再用 Trim 命令进行修剪，也可用 Arc 命令做出，Pedit 对细实线进行连接和设置线宽，使如图所示。

④ 键入 Wblock 命令，将上面做出的三个零件分别定义成块。

(4) 画截止阀

键入 Line 命令，依据图示用细实线画出截止阀，弧线部分可用 Circle 命令做出，再用 Trim 命令进行修剪，也可用 Arc 命令做出，Pedit 对细实线进行连接和设置线宽，使如图所示。

(5) 画水龙头

水龙头的画法与单向阀的画法相似，可以参照上步的画法。

(6) 画大便器、高水箱及截止阀

键入 Pline 命令，依据图示尺寸画出大便器；键入 Pline 命令，画出高水箱；键入 Pline 命令，画出截止阀，用粗实线把三个零件连接起来，键入 Wblock 将其定义成一个块。

(7) 画高位水箱和浮球阀

键入 Line 命令，依据图示尺寸画出高位水箱和水箱内表示水的横线，键入 Pline 命令，依据图示尺寸画出浮球阀。

(8) 画消火栓

键入 Rectangle 命令，依据图示尺寸画出消火栓。

(9) 画三通和弯管

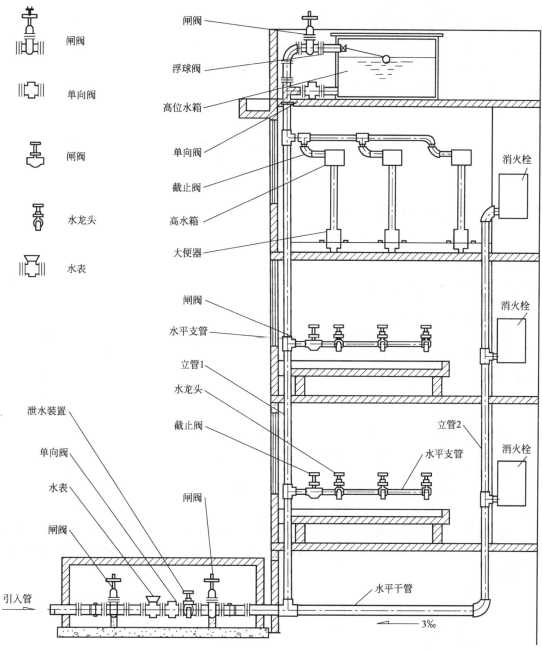

图 5-13 室内给水系统图

键入 Pline 命令，依据图示命令画出三通和弯管，可先画出草图，再用 Trim 命令进行修剪。

（10）画管路框架

键入 Pline 命令，依据图示画出所有的管路框架，用 Trim 命令进行修剪，用 Bhatch 命令对有剖曲线的地方进行填充。切换到 L1 层，用虚线画出中心线。

（11）插入各个零件

键入 Insert 命令，依据图示将各个零件插入到图示的位置，插入点可用相对坐标（@X，Y）来辅助确定。

(12) 设置字体，进行标注
① 键入 Style 进行字体设置。新建两种字体，具体要求如下：
汉字字形名 fs，字体仿宋 GB 2312，宽高比 0.8，角度 0；
西文字形名 XW，字体 simplex.shx，宽高比 0.8，角度 0。
② 键入 Dtext 命令进行文字标注。
经过以上 12 步的绘制过程，完成的室内给水系统图如图 5-13 所示。

5.3 室内排水系统图

5.3.1 室内排水系统图说明

图 5-14 是室内排水系统图，本图用到的主要命令有 Layer、Pline、Line、Trim、Rectangle、Wblock、Insert、Array、Hatch、Leader、Fillet、Text。以下具体介绍绘制步骤。

5.3.2 实例绘制步骤

(1) 创建图层、颜色、线型
选择 objectproperties 工具条中的 Layers 命令，在出现的对话框中，单击 new 按钮创建新图层，新建图层名为"墙壁"、"设备及管道"、"中心线"、"标注线"、"文本标注"；颜色分别为褐色、白色、红色、水蓝色、橙红色；线型分别为"continuous"、"continuous"、"center"、"continuous"。

(2) 设置捕捉功能
选择 tools 菜单中的 Drafting Setting 命令，或把鼠标置于 snap 按钮上，右击鼠标选择 Setting 命令，在弹出的对话框中设置端点、中点、交点、最近点的捕捉功能。

(3) 绘制墙壁
打开图层名为"墙壁"的图层，颜色、线型随层。
① 选择 Line 命令，绘制墙壁的框线；并用 Trim 命令做合适的修剪。
② 选择 Hatch 命令，在出现的对话框中单击 pattern 下拉菜单，确定填充图案为金属线图案 ANSI31、混凝土图案 AR-CONC 两种，注意选择合适的比例和角度，单击 ok 按钮，即完成填充任务。

(4) 绘制管道中心线
打开图层名为"中心线"的图层，颜色、线型随层。
选择 Line 命令，绘制管道中心线；并用 LTS 命令调整线型比例。

(5) 绘制设备及管道
打开图层名为"设备及管道"的图层，颜色、线型随层。
① 绘制管道线
a. 选择 Pline 命令，确定线宽，绘制管道线，在命令行输入相对坐标的形式，绘制管道承插处；并用 Fillet 命令，确定合适的倒角半径，对管道线进行倒角。
b. 用 Trim 命令进行修剪。
② 绘制设备
a. 选择 Rectangle 命令，绘制设备的矩形示意图。
b. 选择 Line 命令及 Circle 命令，绘制设备的其余部分；并用 modify 工具条中的 Fillet 命令对其倒角。

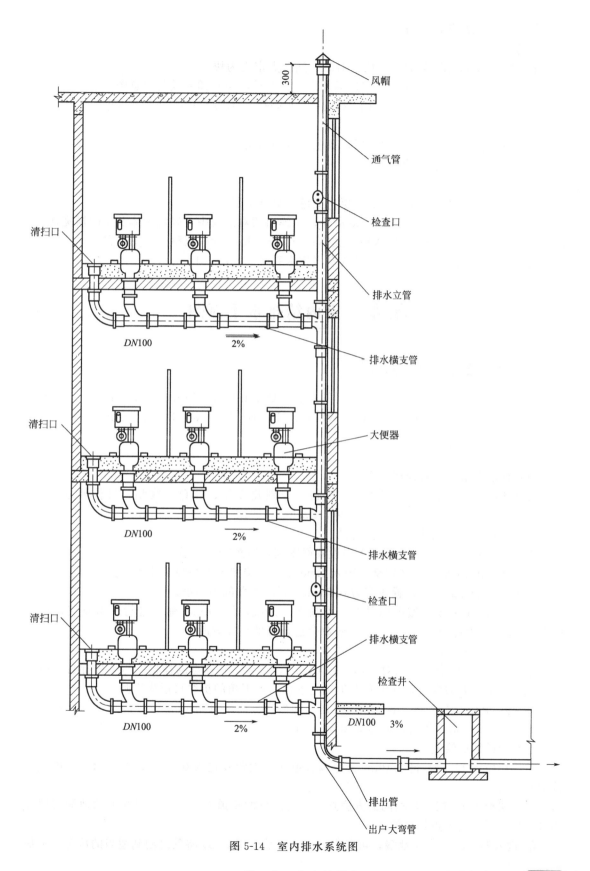

图 5-14 室内排水系统图

③ 绘制其余的相同设备

a. 方法一：

ⅰ. 选择 Make Block 命令，确定对象、插入点定义为块。

ⅱ. 选择 Insert Block 命令，确定插入点，在合适的位置插入设备示意图。

b. 方法二。选择 Array 命令，确定行间距、列间距，对已绘制的设备示意图进行阵列输入。

（6）绘制标注线

打开图层名为"标注线"的图层，颜色、线型随层。

选择 Line 命令，进行绘制。

（7）文本标注

打开图层名为"文本标注"的图层，颜色、线型随层。

选择 format 菜单中的 Text Style 命令，在弹出的对话框中，确定字体及字的横宽比例；在命令行输入 Text 命令依次输入所需文本；可以用 Move 命令调整文本的位置。

经过以上 7 步的绘制过程，完成的室内排水系统图如图 5-14 所示。

5.4 室内给排水平面图

5.4.1 室内给排水平面图说明

图 5-15 是室内给排水平面图，用到的主要命令是 Limits、Line、Pline、Layer、Offset、Circle、Donut、Style、Dtext、Copy、Wblock、Insert、Bhatch、Trim、Pedit 等。

5.4.2 实例绘制步骤

（1）创建图层，设置线型、颜色

打开图层对话框，点击新建 new 按钮。分别建立层、颜色、线型。具体要求如下：①L1层，白色，Center；②L2层，黄色，Dashed；③L3层，白色，Continue。

（2）设置图幅，创建图框、标题栏

① 键入 Limits 命令，按图示大小设置好图幅，注意全部显示。

② （切换到 L3 层，打开正交）键入 Line 命令，按图示大小画出外图框。

③ 键入 Pline 命令，设置线宽为 0.7mm，画出里面的内图框。

④ 键入 Line 命令，做出标题栏。可画出一条线，用 Offset 命令进行平移复制，再用 Pedit 对标题栏进行编辑，最后用 Trim 命令进行修剪至如图所示。

（3）墙剖面的绘制

① 键入 Line 命令，用相对坐标（@X, Y），结合"特殊点的捕捉"与"捕捉自"按图示形状先画出外面的框架，其中右上角，左下角，右下角的折线可以先不画。

② 把右上角、左下角、右下角的线延伸到恰当长度，再用 Line 命令画出如图所示的折线，最后用 Trim 命令进行修剪至如图 5-15 所示。

（4）管道线的绘制

① （切换到 L2 层）键入 Pline 命令画管道线，设置线宽为 0.7mm，按图示画出虚线部分的管道线。

② （切换到 L3 层）用相同的方法画出实线部分的管道线。其中管道线上的地漏可以先不画，以后再对管道进行修剪。

③ 键入 Donut 命令画地漏，可以先画出个，然后用 Copy 将其复制到适当的位置，最后

用 Trim 命令对管道进行修剪。

④ 用 Bhatch 绘制地漏中剖面线，类型名称为 ANSI31，比例系数、角度自定。

（5）画内部的墙体剖面及大便池

键入 Line 命令，画出内部表示墙体剖面的细实线，键入 Donut 命令，画出大便池的圆环，切换到 L2 层，画出粗虚线，键入 Line 命令，画出细实线框。键入 Wblock 命令，将其定义成块，插入到图中恰当的位置。

（6）画指北针

键入 Circle 命令，依据图示大小做圆，键入 Line 命令，做出圆内的两条直线，键入 Bhatch 命令，进行填充至如图 5-15 所示。

（7）设置字体，进行标注

① 键入 Style 命令进行字体设置。新建两种字体，具体要求如下：

汉字字形名 fs，字体仿宋 GB_2312.shx；宽高比 0.8，角度 0；

西文字形名 xw，字体 simplex.shx；宽高比 0.8，角度 0。

② 键入 Dtext 命令，标注横向的文字。竖向的文字方向是 90°，请读者注意。

③ 对圆内有文字的可以直接标注，注意文字的大小、位置，交互式绘图比较费事，为了精确、快速，采用 VisualLisp 程序来实现更为妥当，程序源代码如下。

a. 对圆内一个字的标注，程序如下。

(defunc:tl()
(setvar"osmode"512);设置捕捉方式
(setq pn(getpoint"\nPleasc select a circle:"));捕捉圆上一点
(setq pc(osnap pn "cen"));捕捉圆心
(setq d(distance pc pn));求半径的长度
(setq st(ge:string"\nPlease input a string:"));输入要标注的文字
(command "text""j""me"pc d 0 st);把文字标在圆心处
)

b. 对圆内中间一条线，上下各一个字的标注，程序如下。

(defun c:t2()
(setvar "osmode"512);设置捕捉方式
(setq pn(getpoint"\nPleasc select a circle:"));捕捉圆上一点
(setq pc(osnap pn "cen"));捕捉圆心
(setq d0(＊2(distance pn pc)));求直径的长度
(setq hd(＊0.32 d0));设置字高
(setq p1(polar pc(＊0.5 pi)(＊0.22 d0)));计算第一行文字的中心
(setq p2(polar pc(＊－0.5pi)(＊0.22 d0)));计算第二行文字的中心
(setq p3(polar pc 0(＊0.5 d0)));计算圆的第一象限点
(selq p4(polar pc pi(＊0.5 d0)));计算圆的第二象限点
(setq str1(getstring"\nPlease input the first string:"));输入文字
(seq str2(getstring"\nPlease input the second stnng:"));输入文字
(command "line" p3 p4"");画出圆上直线
(command "text" "j" "me" p1 hd 0 str1);标注文字
(command "text" "me" p2 hd 0 str2);标注文字
)

经过以上 7 步的绘制过程，完成的室内给排水平面图如图 5-15 所示。

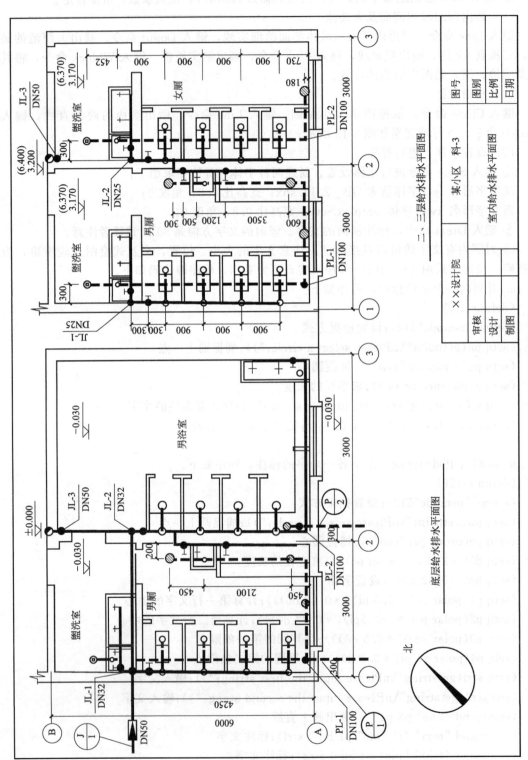

图 5-15 室内给排水平面图

5.5 建筑物给排水总平面图

5.5.1 建筑物给排水总平面图说明

图 5-16 是某建筑物给排水总平面图，本图用到的主要命令有 Layer、Pline、Line、Circle、Trim、Hatch、Array、Break、Copy、Donut、Text。以下说明绘制步骤。

5.5.2 实例绘制步骤

(1) 创建图层，设置颜色、线型

选择 object properties 工具条中的 Layers 命令，或在命令行输入 Layer 命令，创建图层；单击 new 按钮，创建新图层并显示在大文本框中。新建图层名分别为"给水管"、"排水管"、"雨水管"、"图例"、"设备"、"文本标注"、"其他"；颜色分别为绿色、黄色、红色、白色、橙红色、白色、水蓝色；线型均为默认线型，即"continuous"。

(2) 设置捕捉功能

选择 tool 菜单中的 Drfting Setting 命令，或把鼠标置于 snap 按钮上右击鼠标选择 Setting 命令，在弹出的对话框中设置端点、中点、交点、最近点的捕捉功能。

(3) 绘制给水管道路线

打开图层名为"给水管"的图层，颜色、线型随层。

① 选择 Pline 命令，注意线宽，绘制给水管道路线.

② 选择 Break 命令，切断要删除的线段。

(4) 绘制排水管道路线

打开图层名为"排水管"的图层，颜色、线型随层。

方法同上。

(5) 绘制雨水管道路线

打开图层名为"雨水管"的图层，颜色、线型随层。

方法同上。

(6) 绘制设备示意图

打开图层名为"设备"的图层，颜色、线型随层。

① 绘制排水检查井、雨水检查井、室外消火栓示意图。选择 Circle 命令，确定圆心、半径作圆；并用 Trim 命令进行修改。

② 绘制其他设备示意图

a. 选择 Rectangle 命令，确定第一顶点、第二顶点绘制矩形。

b. 选择 Line 命令，分割区域。

c. 选择 Hatch 命令，在出现的对话框中，单击 pattern 的下拉菜单，确定填充图案为 solid，注意选择合适的比例和角度，再单击 ok 按钮，即完成图案填充任务。

(7) 绘制其他线路及区域划分图

打开图层名为"其他"的图层，颜色、线型随层。

① 选择 Line 命令，绘制直线。

② 选择 Donut 命令，确定圆心、大小半径，绘制科-3、科-4、科-5 区内的实心圆。

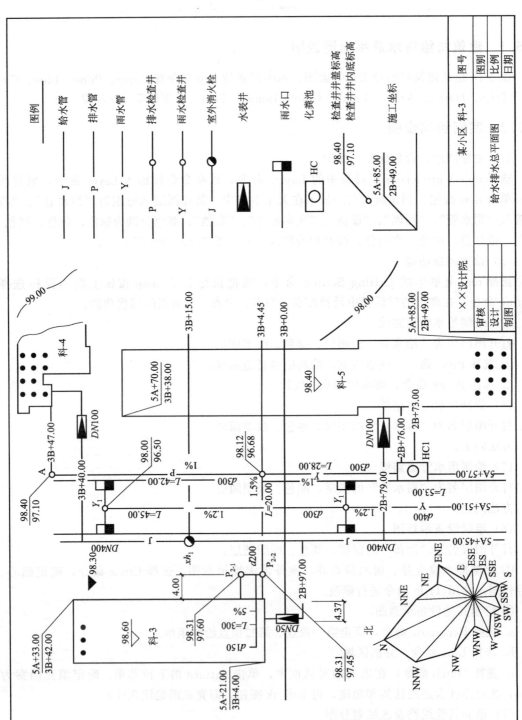

图 5-16 某建筑物给排水总平面图

③ 选择 Array 命令，确定行间距、列间距对实心圆阵列。

(8) 绘制图例

打开图层名为"图例"的图层，颜色、线型随层。

用前述方法，如 Pline、Line、Circle、Hatch 命令绘制图例。

(9) 文本标注

打开图层名为"文本标注"的图层，颜色、线型随层。

选择 format 下拉菜单中的 TextStyle 命令，设置字体及字的横宽比例；在命令提示行中输入 Text 命令，依次输入给水路线标注所需文本。

经过以上 9 步的绘制过程，完成的建筑物给排水总平面图如图 5-16 所示。

5.6 室内给水管道系统图

5.6.1 室内给水管道系统图说明

图 5-17 是室内给水管道系统图，本图用到的主要命令有 Layer、Polyline、Line、Wblock、Donut、Circle、Hatch、Text 等，以下说明绘制步骤。

5.6.2 实例绘制步骤

(1) 创建图层，设置颜色、线型

选择 object properties 工具条中的 Layers 命令，或在命令行输入 Layer 命令，创建图层；单击 new 按钮，创建新图层并显示在大文本框中。新建图层名分别为"管道"、"标注线"、"标题栏"、"文本"；颜色分别为白色、水蓝色、白色、橙红色；线型分别为默认线型，即"continuous"。

(2) 设置捕捉功能

选择 tool 菜单中的 Drfting Setting 命令，或把鼠标置于 snap 按钮上右击鼠标选择 Setting 命令，在弹出的对话框中设置端点、中点、交点、最近点的捕捉功能。

(3) 绘制管道路线、水龙头及各种阀门

打开图层名为"管道"的图层，颜色，线型随层。

① 绘制管道主线。选择 Polyline 命令，注意线宽，在命令行输入相对坐标形式，进行绘制。

② 绘制阀门控制点。选择 Donut 命令，确定圆心及大、小半径绘制实心圆；并制作成块进行多个插入。

③ 绘制阀门

a. 选择 Line 命令，绘制各种阀门及水井表。

b. 选择 Hatch 命令，在弹出的对话框中，单击 pattern 的下拉菜单，确定填充图案为 solid，注意选择合适的比例和角度，再单击 ok 按钮，即完成对水表井的填充。

④ 绘制消火栓。选择 Circle 命令绘制圆，Line 命令分割并用 Hatch 命令（图案为 solid）进行填充。

⑤ 绘制墙体剖面符号。选择 Line 命令，绘制墙体剖面并用 Hatch 命令（图案为 ANSI31）对其填充图案。

(4) 绘制标注线

打开图层名为"标注线"的图层，颜色、线型随层。

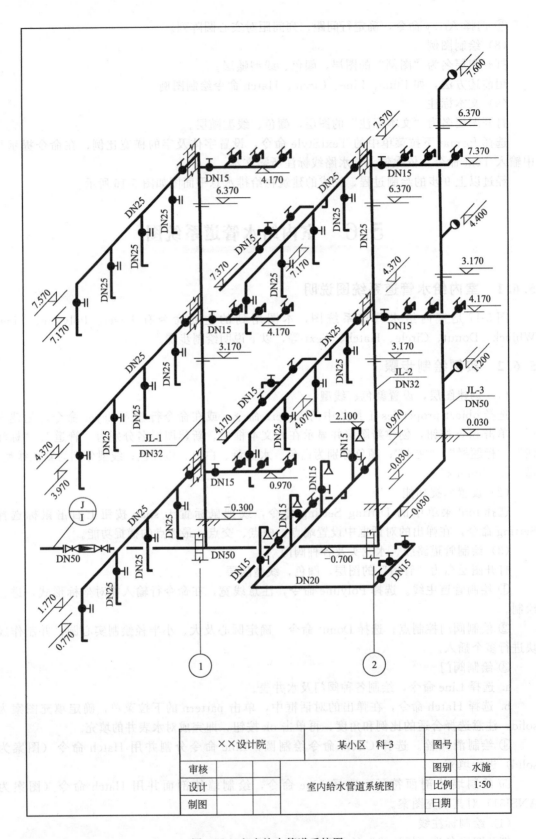

图 5-17 室内给水管道系统图

① 选择 Line 命令绘制标注线；并制作成块，依次插入（注意插入时块旋转的角度）。
② 选择 Circle 命令绘制圆形建筑轴线符号。
（5）绘制图框、标题栏
打开图层名为"标题栏"的图层，颜色、线型随层。
① 选择 Line 命令，绘制细边框线。
② 选择 Pline 命令，注意线宽，用相对坐标（@X, Y），绘制粗边框线。
③ 选择 Line 命令，绘制标题栏内的细线；选择 Pline 命令，绘制题栏的粗边框。
④ 选择 Trim 命令进行合适的修剪。
（6）文本标注
打开图层名为"文本"的图层，颜色、线型随层。
选择 format 下拉菜单中的 TextStyle 命令，设置字体及字的横宽比例；在命令提示行中输入 Text 命令，依次输入所需标注文本；并用 Rotate 命令做适当的旋转。
经过以上 6 步的绘制过程，完成的室内给水管道系统图如图 5-17 所示。

5.7 室内排水管道系统图

5.7.1 室内排水管道系统图说明

图 5-18 是室内排水管道系统图，用到的主要命令是 Layer、Limits、Line、Pline、Trim、Copy、Styles、Dtext、Explore、Wblock、Insert、Ddedit、Rotate 等。

5.7.2 实例绘制步骤

（1）创建图层，设置颜色、线型
打开图层对话框，点击新建 new 按钮，分别建立层、颜色、线型。其体要求如下：①L1 层，红色，Center；②L2 层，黄色，Dashed；③L3 层，白色，Continue。
（2）创建图框，标题栏。绘制采用 Pline、Line 命令，尺寸根据国标要求。
① （打开正交 ortho，切换至 L3）输入 Line 命令，依据尺寸画细边框线。
② 输入 Pline 命令，用相对坐标（@X, Y），依据尺寸画粗边框线，线宽 0.5mm。
③ 先用 Line 画细题栏内的细线，再用 Pline 画标题栏的粗边框。
④ 用 Trim 命令修剪多余的线条。
（3）画所有管道及上面的附属零件
① （切换至 L2 层）输入 Pline，画粗虚线的所有管道，用相对坐标和相对极坐标指定起点，输入长度。多次绘制即可。
② 附属零件的画法
a. 零件 a 的画法。键入 Pline 命令，把起点定在 1 点，设置线宽为 0.7mm，作直线到 2 点，键入 a 作弧，作弧到 3 点，再作弧到 4 点，键入 1 作直线，到 5 点结束。
b. 零件 b 的画法。键入 Pline 命令，把起点定在 1 点，设置线宽为 0.7mm，作直线到 2 点，向下到 3 点，键入 a 作弧，作弧到 4 点，键入 1 作直线，到 5 点结束。
c. 零件 c 的画法。键入 Pline 命令，设置线宽为 0.7mm，做出如图所示的粗线 1，再键入 Donut 命令，设置圆环的内径、外径做出圆环，做出 2 种横向的直线，用 Trim 命令修剪到如图所示。
③ 各个零件画好以后，用多重复制将其复制到图示的位置。

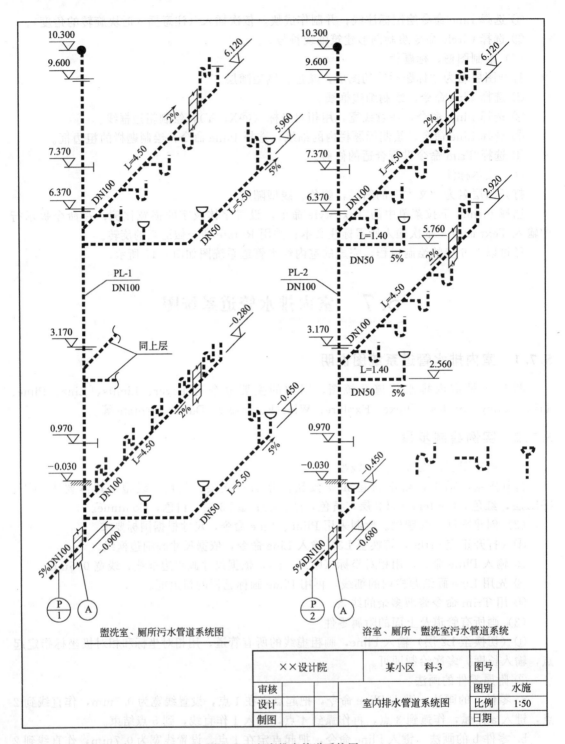

图 5-18 室内排水管道系统图

(4) 画 6 个墙体剖面符号

① (切换至 L3 层) 输入 Line,依据图示尺寸,可先画出其中一条斜线,其余的三条用 Offset 平行复制,再画出两边的竖线,用 Trim 进行修剪至如图所示。

② 用多重复制的方法将其复制到图示的位置。

(5) 设置字体,进行标注

① 输入 Style 进行字体设置。新建两种字体,具体要求如下:

汉字字形名 fs,字体仿宋 CB_2312.shx,宽高比 0.8,角度 0;

西文字形名 xw,字体 simplex.shx,宽高比 0.8,角度 10。

② 相同的标高符号可以先各做出一个,Dtext 标好文字,然后用 Wblock 将其定义成一个块,用 Insert 插入到图示位置,用 Explore 把它们爆炸开,再用 Ddedit 对文字进行修改。

③ 输入 Dtext 进行文字标注。倾斜的文字方向是 45°,请读者注意。

④ 对圆内有文字的可以直接标注,注意文字的大小、位置,交互式绘图比较费事,为了精确、快速,采用 VisualLisp 程序来实现更为妥当,程序源代码如下。

a. 对圆内一个字的标注,程序如下。

(defun c:tl()
(setvar "osmode" 512);设置捕捉方式
(setq pn(getpoint"\nPleasc select a circle:"));捕捉圆上一点
(setq pc(osnap pn "cen"));捕捉圆心
(setq d(distance pc pn));求半径的长度
(setq st(ge:string"\nPlease input a string:"));输入要标注的文字
(command "text""j""me"pc d 0 st);把文字标在圆心处
)

b. 对圆内中间一条线,上下各一个字的标注,程序如下。

(defun c:tl2()
(setvar "osmode" 512);设置捕捉方式
(setq pn(getpoint "\nPleasc select a circle:"));捕捉圆上一点
(setq pc(osnap pn "cen"));捕捉圆心
(setq d0(*2(distance pn pc)));求直径的长度
(setq hd(*0.32 d0));设置字高
(setq p1(polar pc(*0.5 pi)(*0.22 d0)));计算第一行文字的中心
(setq p2(polar pc(*-0.5pi)(*0.22 d0)));计算第二行文字的中心
(setq p3(polar pc 0(*0.5 d0)));计算圆的第一象限点
(selq p4(polar pc pi(*0.5 d0)));计算圆的第二象限点
(setq str1(getstring"\nPlease input the first string:"));输入文字
(seq str2(getstring"\nPlease input the second stnng:"));输入文字
(command "line" p3 p4"");画出圆上直线
(command"text""j""me"p1 hd 0 str1);标注文字
(command"text""me"p2 hd 0 str2);标注文字
)

经过以上 5 步的绘制过程,完成的室内排水管道系统如图 5-18 所示。

第 6 章
室外给排水工程CAD制图方法与实例

6.1 室外给排水工程 CAD 制图概述

6.1.1 概述

室外给排水工程是城市的市政建设必不可少的组成部分。它涉及范围广，内容也较多，本部分主要以给水工程为例，从工程制图的角度出发，介绍绘制室外给排水工程图的方法和要求。室外给排水工程图主要由给排水管道流程图、水源取水工程图、给水处理厂管道图、城市给排水平面图及其给排水管道纵断面图、建筑小区给排水平面图及其给排水管道纵断面图、污水处理厂给排水管道图以及若干相应的详图等组成。

6.1.2 室外给排水管道流程示意图

室外给排水管道流程示意图通常用来表明一个城市的给水、排水管网或单项给排水工程的来龙去脉，使人们对此给排水管道工程有一个总体印象。某城市给排水管道流程示意图如图 6-1 所示。此类图图形简单，画法可参考本章有关实例绘制方法的叙述。

6.1.3 室外给排水平面图

室外给排水平面图与前述的建筑物给水排水总平面图相似，在此不再列出例图，但由于室外给排水平面图图示对象更多，范围更广泛，因而它具有下列图示特点。

(1) 比例

一般采用与相应建筑总平面图（建筑小区、城市）相同的比例绘制。若绘制小区给排水平面图，不宜采用小于 1∶1000 的比例。当然必要时可用比相应建筑总平面图较大的比例画出。

(2) 布图方向

按照《房屋建筑制图统一标准》（GBJ 1—86）的规定："同一工程不同专业的总平面图，在图纸上的布图方向均应一致"，所以室外给排水平面图在图纸上的布图方向应与相应的区（城市）建筑总平面图一致。

(3) 建筑总平面图

按照建筑总平面图画法图示区内（市区）新建的和原有的建筑物和构筑物、坐标系统、等高线、道路、指北针及风玫瑰等，而且它们的位置应与区域规划的总平面图一致。绿化一般可略去不画。

(4) 管（渠）总平面图

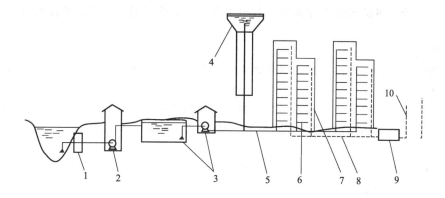

(a) 管道纵剖面流程示意

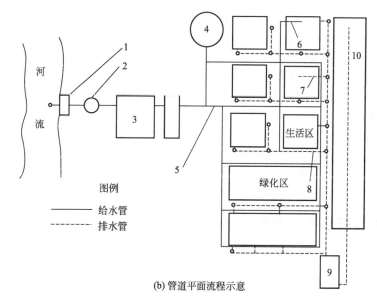

(b) 管道平面流程示意

图 6-1　室外给排水管道流程示意图

1—水源取水；2—取水泵房；3—给水处理厂；4—水塔；5—输配水管网；6、7—室内排水管；
8—城市排水管网；9—污水处理厂；10—污水浇灌区

习惯上将给水管道、排水管（渠）［包括雨水管（渠）］画在同一张图上，因为该图必须反映此区（市）整个给水排水管（渠）的平面布置情况，所以凡区（市）内所有室外给排水管（渠）及其附属构筑物（如化粪池、阀门井、检查井、雨水口等）均需一并画出，而且它们的位置应与区域规划的管线综合图一致。图中管道需注明管道类别。同类附属构筑物多于一个时应编号。编号宜用构筑物代号后加阿拉伯数字表示，构筑物代号采用汉语拼音字头，如 HC1 即 1 号化粪池。给水阀门井的编号顺序，应从水源到用户，从干管到支管，再到用户。排水检查井的编号顺序，应从上游到下游，先干管后支管。为一目了然，支管上的附属构筑物编号可采用下列形式：X_{m-n}（X 为附属构筑物代号，m 为构筑物在干管上的编号，n 为构筑物在支管上的编号）。例如 P_{2-1} 即表示在干管上编号为 2 的支管上的 1 号检查井。

倘若图示城市给排水总平面图，则还应有水源、水厂、加压泵站、高位水池或水塔以及城市污水处理厂等图示。室外给排水平面图中，如果给水管与排水管、雨水管交叉，应断开排水管、雨水管，将给水管连续画出；若雨水管与排水管相遇，一般断开排水管，连续画出雨水管。

（5）图线

坐标网格用细实线画出，其余图线要求与前文所述建筑物给排水总平面图相同。

（6）图例

图上常会有较多的图例符号，包括建筑总平面图的图例和给排水制图中的若干图例，有时还有自行设计的个别图例符号，均需一并专门列出，以利读图。

（7）标注

① 标注坐标。小区给排水平面图常采用施工坐标系统。

标注建筑物、构筑物的坐标，宜注其三个角的坐标，若建筑物、构筑物与坐标轴线平行，可标注其对角坐标。附属构筑物（如检查井）可只注中心的坐标。

标注管（渠）道轴（中心）线的坐标，以及建筑物及构筑物的管道进出口位置的坐标。

② 标注尺寸及标高。个别管道（沟）及附属构筑物不便标注坐标时，也可标注控制尺寸来定位。

若无给排水管道纵面图时，平面图上需将各管道的管径（或渠道断面形状大小）、坡度、管渠长度、标高以及附属构筑物的规格、标高等标注清楚。附属构筑物的标注形式与前述建筑物给排水总平面图中检查井的标注形式相同。当然有关管道的设计算数据，也可列表表示。

（8）必要的文字

① 图中应说明建筑物、构筑物的名称。

② 施工说明如图中各种管道种类、规格、附属构筑物的规格较单一，为避免在图上标注密集而影响清晰度，可在施工说明中统一说明。其余要求基本上同建筑物给排水总平面图的施工说明。

6.1.4 室外给排水平面图的CAD制图步骤

① 选择为室外给排水平面图专门建立的模板图。

② 复制建筑总平面图，删除不需要的部分并根据管道及标注的复杂程度缩放至合适比例。

③ 根据建筑物给排水总平面图或建筑物室内底层给排水平面图绘出图中各建筑物、构筑物的给水引入管和排水排出管。

④ 从图库目录中提取室外原有的给排水管（渠）以及各系统附属构筑物、消防设备等的图例符号，插入图中；例如给水管道上的消火栓、水表井和阀门井等，排水管道上的检查井和化粪池等，雨水管道上的雨水检查井和雨水口等。图例符号排列整齐置于图面适当位置。

⑤ 画各连接管段及相应支管，例如：各给水引入管与室外原有给水管的连接管段，雨水口与雨水检查井之间的连接管段，各排水排出管与室外原有排水管（渠）的连接管（渠），因排水管、雨水管需经常疏通，故在排水管和雨水管的起端、管道转折点以及当直线管段超过国标中所规定长度时，均应设检查井，而且两检查井之间应为直线管道。

⑥ 布置各种标注，如坐标、控制尺寸、编号、施工说明文字等。

⑦ 按下屏幕下方的"LTW"按钮显示线宽，检查图上所有图线、图例及标注布置等。给水阀门井、消火栓、水表井、检查井、雨水口及化粪池以及给水管、雨水管、排水管等均应使用粗实线绘制，如果发现有用细线绘制的构筑物图形则应将其选中后修改图层，使其处于为设备外形所建的粗线层中。最后标注、书写文字，完成全图。

6.2 管道纵剖面流程示意图

6.2.1 管道纵剖面流程示意图实例说明

图 6-2(a)是管道纵剖面流程示意。本例用到的主要命令有 Pline、Rectangle、Array、Ltscale 等。

6.2.2 实例绘制步骤

(1) 图 6-2(b)的绘制
① 画河剖面曲线部分。单击样条曲线 Spline 命令图标或在命令行中键入 Spline。
在 "Specify first point or [Object]:" 的提示下确定开始点。
在 "Specify next point:" 的提示下确定其他点,最后回车三次结束命令。
② 画矩形。用 Rectangle 命令画出图 6-2(b)中的矩形。
③ "河水平面"和"河水"的绘制由 Line 命令完成。
(2) 图 6-2(c)的绘制
① 画泵房和水槽。用 Line 命令,打开正交(单击屏幕下方的"Ortho"按钮或按下 F8)。画出泵房 1、2、3 和水槽 4。
*技巧:画出泵房 1 后,可先用 Copy 命令复制再用 Stretch 命令将其拉伸为泵房 2 和 3。
② 画泵。用 Rectangle 命令,在泵房 1 底部中心点画一矩形。
用 Circle 命令在泵房内画一直径为 2mm 的圆,圆心在泵房底的中垂线上。
用 Line 命令,画出小矩形上两顶点到圆的切线。
*技巧:可先画出一条切线再用 Mirror 命令将另一条切线镜像出。
③ 画粗线管道。用 Pline 命令画出粗管道线,设置线宽为 0.35mm。"河"和水槽中的等腰三角形可用 Line 或 Pline 命令画出。
(3) 图 6-2(d)的绘制
① 画短管道线。在管道 5 上距离主管道为 4 的点为起点,向右用 Pline 命令画一短线,长度为 2mm,线宽为 0.35mm。
② 画多个短管道线。用 Array 命令,矩形(R)阵列 10 行 1 列行间距为 5。
③ 创建新图层、线型、颜色。设定线型为 DASHED 线型,颜色自定。
④ 画虚线。用 Pline 命令,并打开正交模式,在新图层中画虚线,线宽为 0.35mm。
用 Ltscale 命令设置线型比例为 0.15。也可根据需要输入比例。
⑤ 画矩形。用 Rectangle 命令,按图中比例画出矩形,用 Move 命令将矩形移动到要求的位置,注意使用点的捕捉使短边中心点在虚线上,最后用 Trim 命令剪掉矩形中心的虚线。
(4) 总图的绘制
① 画轮廓线。用 Line 命令,并打开正交模式,画出分支管道外的轮廓线。
② 画地表线。用 Pline 命令,以最右边矩形左上角为开始点,泵房 1 与主管道交点结束点,随意画出一条线(最好不画成直线)。最后用 Trim 命令,将曲线多余部分修剪。
*技巧:曲线也可用 Spline 命令画出。
③ 设置字体。从 format 下拉菜单中,单击 TextStyle 命令,或在命令行中输入 ST。设置新字型名称为 FS,新字体名称为仿宋。
④ 输入文字。用 Text 命令,确定字高和旋转角度后,在图的下方输入"(a)管道纵剖

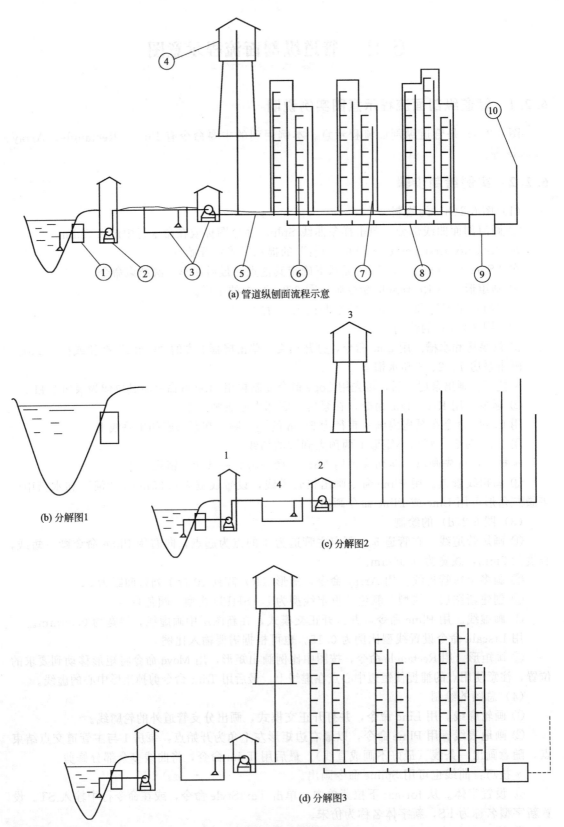

图 6-2 管道纵剖面流程示意图

面流程示意图"。效果图如图 6-2(a) 所示。

6.3 室外给排水管道流程示意图

6.3.1 室外给排水管道流程示意图说明

图 6-3 是室外给排水管道流程示意图,本图用到的主要命令有 Layer、Pline、Line、Rectangle、Array、Circle、Text 等。以下说明绘制步骤。

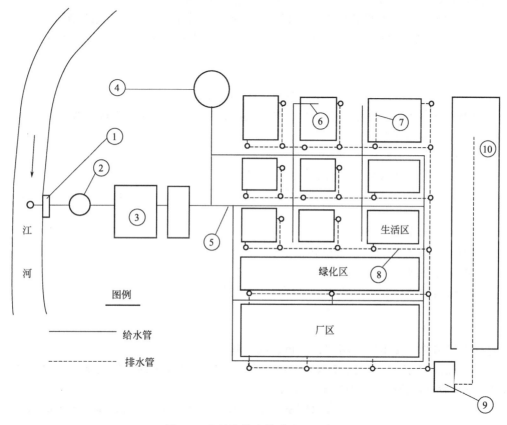

图 6-3 室外给排水管道流程示意图
1—水源取水;2—取水泵房;3—给水处理厂;4—水塔;5—输配水管网;6—室内给水管;7—室外排水管
8—城市排水管网;9—污水处理厂;10—污水浇灌区

6.3.2 实例绘制步骤

(1) 创建图层,设置颜色、线型

选择 objectproperties 工具条中的 Layers 命令,或在命令行输入 Layer 命令,创建图层;单击 new 按钮,创建新图层并显示在大文本框中。新建图层名分别为 "给水管"、"排水管"、"区域划分"、"标注线"、"文本";颜色分别为绿色、黄色、白色、水蓝色、橙红色;线型分别为 "continuous"、"hidden"、"continuous"、"continuous"、"continuous"。

(2) 设置捕捉功能

选择 tool 菜单中的 Drfting Setting 命令,或把鼠标置于 snap 按钮上右击鼠标选择

Setting 命令，在弹出的对话框中设置端点、中点、交点、最近点的捕捉功能。

（3）绘制区域划分图

打开图层名为"区域划分"的图层，颜色、线型随层。

① 绘制厂区轮廓图。选择 Rectangle 命令，确定第一顶点、第二顶点绘制矩形。

② 绘制绿化区轮廓图，方法同上。

③ 绘制生活区轮廓图

a. 选择 Rectangle 命令，确定第一顶点、第二顶点绘制矩形。

b. 选择 Array 命令，确定行间距、列间距进行阵列。

④ 绘制其余矩形区域

选择 Rectangle 命令，确定第一点、第二点绘制矩形。

⑤ 绘制取水泵房、水塔轮廓图。选择 Circle 命令，确定圆心、半径绘制图。

⑥ 绘制江河轮廓图。选择 Spline 命令，绘制曲线；并用 Pline 命令绘制箭头标明方向。

（4）绘制给水管道路线

打开图层名为"给水管"的图层，颜色、线型随层。

① 选择 Pline 命令，改变线宽，绘制管道路线；并用 Trim 命令进行修改。

② 同样的方法绘制图例。

（5）绘制排水管道路线

打开图层名为"排水管"的图层，颜色、线型随层。

① 选择 Pline 命令，改变线宽，绘制管道路线；并用 Trim 命令进行修改，LTS 命令调整线型。

② 同样的方法绘制图例。

③ 选择 Circle 命令，绘制管道转接处。

（6）绘制标注线

打开图层名为"标注线"的图层，颜色、线型随层。

选择 Line 及 Circle 命令进行绘制。

（7）文本标注

打开图层名为"文本"的图层，颜色、线型随层。

选择 format 下拉菜单中的 Text Style 命令，设置字体及字的横宽比例；在命令提示行中输入 Text 命令，依次输入所需标注文本。

经过以上 7 步的绘制过程，完成的室内给排水管道平面流程示意图如图 6-3 所示。

6.4 给水管道节点图

6.4.1 给水管道节点图说明

图 6-4 是给水管道节点图，用到的主要命令是 Layer、Limits、Line、Pline、Donut、Trim、Copy、Style、Dtext、Wblock、Insert 等。

6.4.2 实例绘制步骤

（1）创建图层，设置颜色、线型

打开图层对话框，点击新建 new 按钮。分别建立层、颜色、线型。具体要求如下：

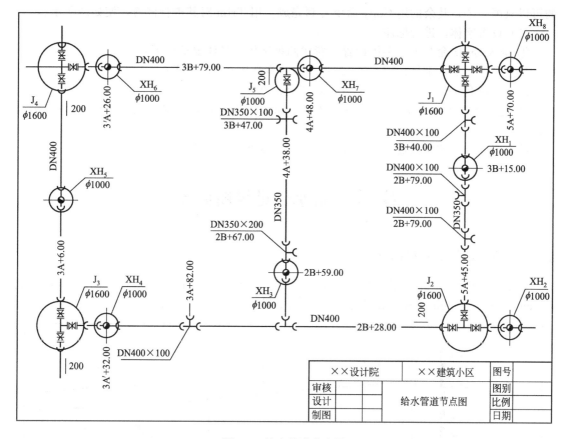

图 6-4 给水管道节点图

①L1层，红色，Center；②L2层，黄色，Dashed；③L3层，白色，Continue。

（2）创建图框、标题栏

① 打开正交 ortho，切换至 L3 层，键入 Line 命令，依据尺寸画细边框线。

② 键入 Pline 命令，用相对坐标（@X,Y），依据尺寸画粗边框线，线宽 0.5mm。

③ 先用 Line 画标题栏内的细线，再用 Pline 画标题栏的粗边框。

④ 用 Trim 命令修剪多余的线条。

（3）画节点部分

键入 Donut 命令，画出与图示半圆粗细相同的圆环，用 Trim 命令修剪成半圆，键入 Pline 命令，设置不同的线宽，画出图示不同线宽的直线及阀门，用 Move、Copy、Rotate 命令进行编辑、修改，使之如图。

（4）画承插连接

键入 Donut 命令，画出与图示半圆粗细相同的圆环，用 Trim 命令修剪成半圆，键入 Donut 命令，画出中间的圆环，用 Line 命令画出圆环内的斜线，用 Bhatch 命令对其右下半部分进行填充，使如图所示。

（5）画其余部分的节点和承插连接

各个节点均有相似之处，可用 Copy 复制已完成的，再用 Move、Rotate、Copy、Mirror 编辑修改至如图 6-4 所示。

（6）画管道

键入 Pline 命令，用粗实线把各个节点连接起来。键入 Circlc 命令画节点上的圆，相同的可以只画一个，其余的用 Copy 命令复制完成。用 Trim 对其进行修剪，使如图所示。

(7) 设置字体，进行标注

① 键入 Style 命令进行字体设置。新建两种字体，具体要求如下：

汉字字形名 fs，字体仿宋 GB＿2312.shx，宽高比 0.8，角度 0；

西文字形名 xw，字体 simplex.shx，宽高比 0.8，角度 10。

② 键入 Dtext 进行标注。对一行文字中出现不同字高的现象，可用 Mtext 命令进行标注。

经过以上 7 步的绘制过程，完成的给水管道节点图如图 6-4 所示。

6.5 给水管道纵断面图

6.5.1 给水管道纵断面图说明

图 6-5 是给水管道纵断面图，本图用到的主要命令有 Layer、Pline、Line、Circle、Hatch、Fillet、Spline、Rectangle、Text。以下说明绘制步骤。

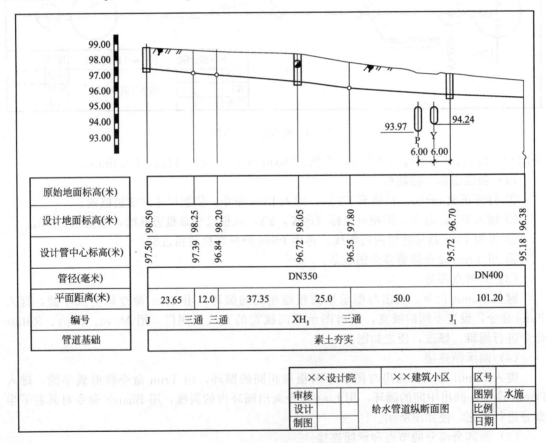

图 6-5 给水管道纵断面图

6.5.2 实例绘制步骤

(1) 创建图层，设置颜色、线型

选择 object properties 工具条中的 Layers 命令，在出现的对话框中，单击 new 按钮创建新图层，新建图层名为"管道"、"标注线"、"文本标注"、"标题栏"；颜色分别为绿色、水蓝色、橙红色、白色；线型均为"continuous"。

（2）设置捕捉功能

选择 tools 菜单中的 Drafting Setting 命令，或把鼠标置于 snap 按钮上，右击鼠标选择 Setting 命令，在弹出的对话框中设置端点、中点、交点、最近点等自动捕捉功能。

（3）绘制管道线

打开图层名为"管道"的图层，颜色、线型随层。

① 绘制主管道线

a. 选择 Pline 命令，确定线宽，在命令行输入相对坐标的形式（即@X，Y），绘制管道主线。

b. 选择 Circle 命令绘制消火栓，并用 Hatch 命令（填充图案为 solid）进行填充。

② 绘制三通。选择 Circle 命令，捕捉到管道主线的最近点，确定为圆心作圆；并用 Trim 命令进行修改。重复操作，绘制另外的圆。并选择 Hatch 命令进行填充。

③ 绘制垂直方向上的双管道线。选择 Line 命令，按下"F8"键，使之处于正交模式，进行绘制。

④ 绘制管道横断面。选择 Line 命令，绘制两侧直线；选择 Fillet 命令对两直线进行导角；选择 Pline 命令，确定线宽，修改为多义线。

⑤ 绘制墙壁断面线。选择 Spline 命令，进行绘制。

（4）绘制标注线

打开图层名为"标注线"的图层，颜色、线型随层。

① 选择 Line 命令，绘制各标注线。

② 绘制标尺。选择 Rectangle 命令，绘制矩形；选择 Line 命令，绘制其中的分割线；选择 Hatch 命令（填充图案为 solid）进行隔段填充。

（5）绘制图框、标题栏

打开图层名为"标题栏"的图层，颜色、线型随层。

① 选择 Line 命令，绘制细边框线。

② 选择 Pline 命令，注意线宽，用相对坐标（@X，Y），绘制粗边框线。

③ 选择 Line 命令，绘制标题栏内的细线；选择 Pline 命令，绘制标题栏的粗边框。

④ 选择 Trim 命令进行合适的修剪。

（6）文本标注

打开图层名为"文本标注"的图层，颜色、线型随层。

选择 format 菜单中的 Text Style 命令，在弹出的对话框中，确定字体及字的横宽比例；在命令行输入 Text 命令依次输入所需文本；可以用 Move 命令调整文本的位置。

经过以上 6 步的绘制过程，完成的给水管道纵断面图如图 6-5 所示。

6.6 某厂某车间生活区厕所给排水平面图

6.6.1 某厂某车间生活区厕所给排水平面图说明

图 6-6 是某厂某车间生活区厕所给排水平面图，用到的主要命令是 Limits、Line、

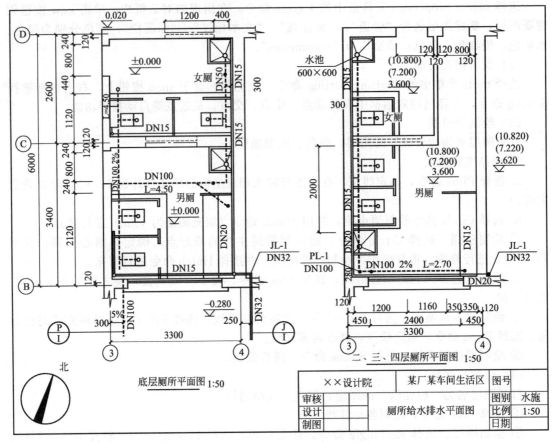

图 6-6 某厂某车间生活区厕所给排水平面图

Pline、Layer、Offset、Circle、Donut、Style、Dtext、Copy、Wblock、Insert、Bhatch、Trim、Pedit 等。

6.6.2 实例绘制步骤

(1) 创建图层，设置线型、颜色。

打开图层对话框，点击新建 new 按钮。分别建立层，设置颜色、线型。具体要求如下：①L1 层，红色，Center；②L2 层，黄色，Dashed；③L3 层，白色，Continue。

(2) 设置图幅，创建图框、标题栏

① 键入 Limits 命令，按图示大小设置好图幅，注意全部显示。

② 切换到 L3 层，打开正交，键入 Line 命令，按图示大小画出外图框。

③ 键入 Pline 命令，设置线宽为 0.7mm，画出里面的内图框。

④ 键入 Line 命令，做出标题栏。可画出一条线，用 Offset 命令进行平移复制，再用 Pedit 对标题栏进行编辑，最后用 Trim 命令进行修剪至如图所示。

(3) 墙剖面的绘制

① 键入 Line 命令，用相对坐标 (@X, Y)，结合"特殊点的捕捉"与"捕捉自"按图示形状先画出外面的框架，其中右上角、左下角、右下角的折线可以先不画。

② 把右上角、左下角、右下角的线延伸到恰当长度，再用 Line 命令画出如图所示的折线，最后用 Trim 命令进行修剪至如图所示。

(4) 管道线的绘制

① （切换到 L2 层）键入 Pline 命令画管道线，设置线宽为 0.7mm，按图示画出虚线部分的管道线。

② （切换到 L3 层）用相同的方法画出实线部分的管道线。其中管道线上的地漏可以先不画，以后再对管道进行修剪。

③ 键入 Donut 命令画地漏，可以先画出一个，然后用 Copy 进行多重复制将其复制到适当的位置，最后用 Trim 命令对管道进行修剪。

④ 用 Bhatch 绘制地漏中剖面线，类型名称为 ANSI31，比例系数、角度自定。

（5）画内部的墙体剖面大便池

键入 Line 命令，画出内部表示墙体剖面的线实线，键入 Donut 命令，画出大便池的圆环，切换到 L2 层，画出粗虚线，键入 Line 命令，画出细实线框。键入 Wblock 命令，将其定义成块，插入到图中恰当的位置。

（6）画指北针

键入 Circle 命令，依据图示大小做圆，键入 Line 命令，做出圆内的两条直线，键入 Bhatch 命令，进行填充至如图所示。

（7）设置字体，进行标注

① 键入 Style 命令进行字体设置。新建两种字体，具体要求如下：

汉字字形名 fs，字体仿宋 GB_2312.shx，宽高比 0.8，角度 0；

西文字形名 xw，字体 simplex.shx，宽高比 0.8，角度 10。

② 键入 Dtext 命令，标注横向的文字。竖向的文字方向是 90°，请读者注意。

③ 对圆内有文字的可以直接标注，注意文字的大小、位置，交互式绘图比较费事，为了精确、快速，采用 VisualLisp 程序来实现更为妥当，程序源代码如下。

a. 对圆内一个字的标注，程序如下。

```
(defun c:tl()
(setvar "osmode" 512);设置捕捉方式
(setqpn(getpoint"\nPleasc select a circle:"));捕捉圆上一点
(setq pc(osnap pn"cen"));捕捉圆心
(setq d(distance pc pn));求半径的长度
(setq st(ge:string"\nPlease input a string:"));输入要标注的文字
(command "text" "j" "me" pc d 0 st);把文字标在圆心处
)
```

b. 对圆内中间一条线，上下各一个字的标注，程序如下。

```
(defun c:t2()
(setvar "osmode" 512);设置捕捉方式
(setq pn(getpoint "\nPleasc select a circle:"));捕捉圆上一点
(setq pc(osnap pn "cen"));捕捉圆心
(setq d0( *2(distance pn pc)));求直径的长度
(setq hd( *0.32 d0));设置字高
(setq p1(polar pc( *0.5 pi)( *0.22 d0)));计算第一行文字的中心
(setq p2(polar pc( *－0.5 pi)( *0.22 d0)));计算第二行文字的中心
(setq p3(polar pc 0( *0.5 d0)));计算圆的第一象限点
(selq p4(polar pc pi( *0.5 d0)));计算圆的第二象限点
(setq strl(getstring "\nPlease input the first string:"));输入文字
(seq str2(getstring "\nPlease input the second stnng:"));输入文字
```

(command "line" p3 p4"");画出圆上直线
(command "text" "j" "me" p1 hd 0 str1);标注文字
(command "text" "me" p2 hd 0 str2);标注文字
)

经过以上7步的绘制过程，完成的某厂某车间生活区厕所给排水平面图如图6-6所示。

第7章 CAD软件三维图形设计基础

7.1 三维CAD制图概述

在工程或产品设计过程中，往往需要物体的许多信息，如外形、颜色、体积、面积、重心、惯性矩、纹理、光照等，能否有效地表达这些信息，直接关系到能否提高设计效率，设计成功率。通常在实际设计中，是设计人员先在头脑中想像出物体的立体形状，用头脑中想像出的二维投影视图将其表达在图纸上，这是一种人为的间接表达方法。这需要设计人员必须具有投影知识，根据投影原理推断出物体在某一平面上投影形状，并用二维视图表达出来。

在表达视图的过程中，经常会碰到二维图形表达三维图形所出现的歧义性问题；同时对于读图的工程技术人员又要把它们在头脑中还原成三维物体的形状，给读图人员带来极大的不便，这种不便其实是人为造成的，因为过去没有计算机，没有CAD软件，在计算机上难以表达三维物体的真实形状。现在随着计算机软件、硬件技术的迅速发展，三维CAD技术得到了长足的进步，在计算机上表达物体的三维形状已经不成问题，而且从三维图形向二维图形转换只是一两个命令或一两种简单的操作，解决了技术人员的为读图难、转换难、易出错等多个难题。三维几何造型在机械、建筑、服装、三维动画、广告设计等方面有着广泛的用途。

目前，三维设计在我国正处于普及推广时期，国内外许多三维CAD软件以其功能完善、界面友好、使用方便而越来越得到工程技术人员的青睐。在计算机三维CAD领域，以AutoCAD软件为代表，为我们提供了丰富的三维设计功能，掌握这些功能意味着在设计工作中、在三维CAD领域有了强大的工具，它将为我们开辟更广阔的设计、创造的空间。本章以AutoCAD 2012软件为例，讲述三维造型设计的基础知识。

三维CAD主要应用于三维几何造型、投影、三维数字化、静态动态仿真、虚拟现实等领域。目前该技术在机械、建筑、服装、三维动画、广告设计等方面应用较多，在工程设计方面的应用正在逐步展开。在机械设计领域方面的应用有：①直观表达机械零部件的立体形状，生成投影图、透视图、零件图、装配图等；②利用剖切检查机件的壁厚、孔深，检查装配干涉，对传动机构的运动模拟，计算零部件的体积、面积、重心、惯性矩等；③数控编程、刀具轨迹仿真、加工工艺设计；④进行装配规划、机器人视觉识别、机器人运动学及动力学分析等。在工程或建筑方面的应用主要有：①工程或建筑物的三维立体形状的表达；②二维投影图及三维透视图、装配图的表达；③计算体积、面积、重量、数量统计、报表生成等工作提供直接依据；④三维碰撞、干涉检查；⑤材质、灯光、场景、渲染等手法的表现，给用户以身临其境的感觉，即静态仿真基础；⑥为三维动画、漫游、动态仿真做好准备。

7.2 三维简单绘图

7.2.1 三维立体面参照系的制作

三维立体参照面通常采用长方体面命令绘制,它是一个临时三维造型的参照依据,其重要意义主要有:①用来检测最后完成的三维造型的总体尺寸的正确性;②借助其方便地移动或创建三维用户坐标系;③从视图工具条的十个方向方便地观察物体。

其绘制操作方法是:输入 box↙或图标,单击鼠标确定角点,键入长度↙,宽度↙,高度↙。注意绘制长方体表面之前一定要预知三维零件的长、宽、高的准确数据。用图标操作较快,请读者注意多看提示行,一旦绘制完成,相当于有了一个三维立体的加工车间,直至最后完成三维造型,检测形状、尺寸无误后,即可将其删除。如图 7-1、图 7-2 所示。

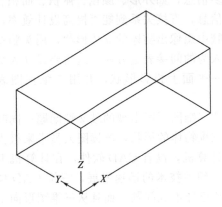

图 7-1 三维立体面参照系

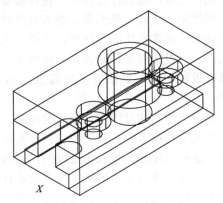

图 7-2 完成零件后参照系效果

7.2.2 制作面域

【功能】将任意直线或曲线构成的封闭多边形制作成面域,以备拉伸之用。

【命令启动】下拉菜单:绘图\面域。

工具栏：◎.

命令：region↙。

【操作提示】输入命令后,AutoCAD 提示：

选择对象：选择要创建面域的图形↙

已创建 1 个面域。

7.2.3 创建三维实体

(1) 实体拉伸

【功能】将二维图形的面域或用 Pline 所做的二维任意封闭多边形拉伸为三维实体。

【命令启动】工具栏 ⬛.

命令：extrude↙。

【操作提示】输入命令后,AutoCAD 提示：

选择要拉伸的对象：↙

指定拉伸的高度或 ［方向(D)/路径(P)/倾斜角(T)/表达式(E)］〈144.7114〉：给定拉伸

高度

　　⇒D：通过指定的两点指定拉伸的长度和方向。继续提示：

　　指定方向的起点：

　　指定方向的端点：

　　⇒P：选择基于指定曲线对象的拉伸路径。路径将移动到轮廓的质心。然后沿选定路径拉伸选定对象的轮廓以创建实体或曲面。继续提示：

　　选择拉伸路径或［倾斜角］：

　　⇒T：给定倾斜角。如果为倾斜角指定一个点而不是输入值，则必须拾取第二个点。用于拉伸的倾斜角是两个指定点之间的距离。继续提示：

　　指定拉伸的倾斜角度〈0〉：

　　指定拉伸的高度或［方向(D)/路径(P)/倾斜角(T)]〈10.5515〉：

　　⇒E：输入公式或方程式以指定拉伸高度。

　　知识点：拉伸高度可以通过鼠标导引确定。

（2）旋转生成三维实体

【功能】将二维封闭图形沿着其外部的某转轴旋转而得到的实体。

【命令启动】工具栏 ◓ 。

命令：revolve↙

选择要旋转的对象：↙

指定轴起点或根据以下选项之一定义轴［对象(O)/X/Y/Z]〈对象〉：给旋转轴上第 1 点（或指定 X、Y 轴）

指定轴端点：第 2 点

指定旋转角度或［起点角度（ST）]〈360〉：旋转角度↙（注意正负，顺逆时针）

知识点：①旋转角度可以通过鼠标导引确定。②可以直接选择实体作为转轴。旋转方向符合右手法则，大拇指从 1 点指向 2 点，四指自然弯曲方向即为旋转的正角度方向。

7.2.4　布尔运算

（1）布尔并集运算

【功能】将多个相交面域或实体求和。

【命令启动】下拉菜单：修改 \ 实体编辑 \ 并集。

工具条：实体编辑 ◉◉ 。

命令：union↙。

【操作提示】输入命令后，AutoCAD 提示：

选择对象：选择进行求和的两个或多个实体或面域。

（2）布尔差集运算

【功能】将多个相交面域或实体求差。

【命令启动】下拉菜单：修改 \ 实体编辑 \ 差集。

工具条：实体编辑 ◉◉ 。

命令：subtract↙。

【操作提示】输入命令后，AutoCAD 提示：

选择对象：选择被减体

选择对象：继续选择被减体或回车表示选择结束

选择要减去的实体或面域

选择对象：选择减体

选择对象：继续选择减体或回车表示选择结束

(3) 布尔交集运算

【功能】求多个相交面域或实体的共同部分。

【命令启动】下拉菜单：修改 \ 实体编辑 \ 交集。

工具条：实体编辑 ◎。

命令：intersect ✓。

【操作提示】输入命令后，AutoCAD 提示：

选择对象：选择要求交集的第一个实体

选择对象：选择要求交集的第二个实体

选择对象：继续选择或回车结束

7.2.5 三维实体命令操作

(1) 长方体

【功能】制作实心长方体。

【命令启动】工具栏 ▢。

命令：box ✓。

【操作提示】输入命令后，AutoCAD 提示：

指定第一个角点或［中心(C)］：长方体角点

指定其他角点或［立方体(C)/长度(L)］：L✓（给出长度）

指定长度：长度✓

指定宽度：宽度✓

指定高度或［两点(2P)］：高度✓

【说明】该命令可以制作边长相等的立方体。

(2) 球体

【功能】制作实心球体。

【命令启动】工具栏 ◯。

命令：sphere ✓。

【操作提示】输入命令后，AutoCAD 提示：

指定中心点或［三点 (3P)/两点 (2P)/相切、相切、半径（T）］：球心

指定半径或［直径(D)］：球的半径（或直 D 径）✓

(3) 实心圆柱体

【功能】制作实心圆柱体或椭圆柱体。

【命令启动】工具栏 ▢。

命令：cylinder ✓。

【操作提示】输入命令后，AutoCAD 提示：

指定底面的中心点或［三点(3P)/两点(2P)/相切、相切、半径(T)/椭圆(E)］：圆柱圆心（E，椭圆柱体）

指定底面半径或［直径(D)］：圆柱底半径（直 D 径）✓

指定高度或［两点 (2P)/轴端点(A)］：高度（可用两点给出）✓

(4) 实心圆锥

【功能】制作实心圆锥体。

【命令启动】工具栏 △。

命令：cone ✓。

【操作提示】输入命令后，AutoCAD 提示：

指定底面的中心点或 [三点(3P)/两点(2P)/相切、相切、半径(T)/椭圆(E)]：圆锥底圆心

指定底面半径或 [直径(D)]〈100.0000〉：圆锥半径✓

指定高度或 [两点 (2P)/轴端点 (A)/顶面半径 (T)] 〈219.1292〉：高度（A，顶点）✓

(5) 实心楔形体

【功能】制作实心楔形体。

【命令启动】工具栏 ◸。

命令：wedge✓。

【操作提示】输入命令后，AutoCAD 提示：

指定第一个角点或 [中心(C)]：给角点

指定其他角点或 [立方体 (C)/长度 (L)]：L✓（长度）（立 C 方楔形）

指定长度：长度✓

指定宽度：宽度✓

指定高度或 [两点(2P)]：高度✓

(6) 实心圆环

【功能】制作实心圆环。

【命令启动】工具栏 ◉。

命令：torus✓。

【操作提示】输入命令后，AutoCAD 提示：

指定中心点或 [三点(3P)/两点(2P)/相切、相切、半径(T)]：圆环环心

指定半径或 [直径(D)]〈100.0000〉：大圆环半径✓（D 直径）

指定圆管半径或 [两点(2P)/直径(D)]：管半径✓（D 直径）

(7) 棱锥体

【功能】制作棱锥体。

【命令启动】工具栏 △。

命令：pyramid✓。

【操作提示】输入命令后，AutoCAD 提示：

指定底面的中心点或 [边(E)/侧面(S)]：给中心点

指定底面半径或 [内接(I)]：半径✓

指定高度或 [两点(2P)/轴端点(A)/顶面半径(T)]：高度✓

(8) 多段体

【功能】制作多段体，绘制类似多义线类的三维实体。

【命令启动】工具栏 ◪。

命令：polysolid✓。

【操作提示】输入命令后，AutoCAD 提示。

指定起点或 [对象(O)/高度(H)/宽度(W)/对正(J)]〈对象〉：使用 POLYSOLID 命令绘制实体，方法与绘制多线段一样。继续提示：

指定下一个点或 [圆弧(A)/放弃（U）]：

⇒O：指定要转换为实体的对象。可以转换直线、圆弧、二维多段线、圆。继续提示：

选择对象：选择要转换为实体的对象。

⇒H：指定实体的高度。继续提示：

指定高度〈默认〉：指定高度值，或按 ENTER 键指定默认值。
⇒W：指定实体的宽度。继续提示：
指定宽度〈当前〉：通过输入值或指定两点来指定宽度的值，或按 enter 键指定当前宽度值。
⇒J：使用命令定义轮廓时，可以将实体的宽度和高度设置为左对正、右对正或居中。对正方式由轮廓的第一条线段的起始方向决定。继续提示：
指定下一点或 ［圆弧(A)/闭合(C)/放弃(U)］：指定实体轮廓的下一点、输入选项或按 enter 键结束命令。
【说明】该命令可以制作边长相等的立方体。
(9) 螺旋
【功能】创建开口的二维或三维螺旋，或沿着螺旋路径扫掠圆以创建弹簧实体模型。
【命令启动】工具栏：▇。
命令：helix✓
【操作提示】输入命令后，AutoCAD 提示：
圈数＝3.0000　扭曲＝CCW
指定底面的中心点：指定螺旋底面圆中心。
指定底面半径或 ［直径(D)］〈40.0000〉：指定底面半径或直径✓
指定顶面半径或 ［直径(D)］〈40.0000〉：指定顶面半径或直径✓
指定螺旋高度或 ［轴端点(A)/圈数(T)/圈高(H)/扭曲(W)]〈233.1541〉：
⇒A✓：指定螺旋轴的端点位置。轴端点可以位于三维空间的任意位置。轴端点定义了螺旋的长度和方向。
⇒T✓：指定螺旋的圈（旋转）数。圈数的默认值始终是先前输入的圈数值。输入 T 继续提示：
输入圈数〈5.0000〉：
⇒H✓：指定螺旋内一个完整圈的高度。当指定圈高值时，螺旋中的圈数将相应地自动更新。如果已指定螺旋的圈数，则不能输入圈高的值。输入 H 继续提示：
指定圈间距〈默认值〉：输入数值以指定螺旋中每圈的高度。
⇒W✓：指定以顺时针（CW）方向还是逆时针方向（CCW）绘制螺旋。螺旋扭曲的默认值是逆时针。输入 W 继续提示：
输入螺旋的扭曲方向 ［顺时针(CW)/逆时针(CCW)]〈逆时针〉：指定螺旋的扭曲方向✓。
(10) 扫掠
【功能】可以通过沿开放或闭合的二维或三维路径扫掠开放或闭合的平面曲线（轮廓）来创建新实体或曲面。也可用于沿指定路径以指定轮廓的形状（扫掠对象）绘制实体或曲面。可以扫掠多个对象，但是这些对象必须位于同一平面中。
【命令启动】绘图 \ 建模 \ 扫掠。
工具栏：▇。
命令：sweep✓
【操作提示】输入命令后，AutoCAD 提示：
当前线框密度：ISOLINES＝4。
选择要扫掠的对象：可作为扫掠对象的有直线、圆弧、椭圆弧、二维多段线、二维样条曲线、圆、椭圆、平面三维面、二维实体、宽线、面域、平面曲面或实体的曲面。
选择要扫掠的对象：继续选择或确定取消选择。

选择扫掠路径或 [对齐(A)/基点(B)/比例(S)/扭曲(T)]：

⇒A↙：指定是否对齐轮廓以使其作为扫掠路径切向的法向。默认情况下，轮廓是对齐的。输入 A 继续提示：

扫掠前对齐垂直于路径的扫掠对象 [是(Y)/否(N)]〈是〉：

⇒B↙：指定要扫掠对象的基点。如果指定的点不在选定对象所在的平面上，则该点将被投影到该平面上。输入 B 继续提示：

指定基点：指定选择集的基点。

⇒S↙：指定比例因子以进行扫掠操作。从扫掠路径的开始到结束，比例因子将统一应用到扫掠的对象。输入 S 继续提示：

输入比例因子或 [参照(R)]〈1.0000〉：指定比例因子、输入 R 调用参照选项或按 enter 键指定默认值。

⇒R↙：通过拾取点或输入值来根据参照的长度缩放选定的对象。

⇒T↙：设置正被扫掠的对象的扭曲角度。扭曲角度指定沿扫掠路径全部长度的旋转量。

(11) 按住并拖动

【功能】按住并拖动有限区域，以创建三维实体。

【命令启动】工具栏：。

键盘：Ctrl+Alt

命令：Presspull↙。

【操作提示】键盘操作后，AutoCAD 提示：

单击有限区域以进行按住或拖动操作：操作后系统提示：

已提取 1 个环。

已创建 1 个面域。

单击有限区域以进行按住或拖动操作（可以继续选择，也可以空格结束命令）。

(12) 放样

【功能】指定一系列横截面来创建新的实体或曲面。

【命令启动】绘图\建模\放样。

工具栏：。

命令：loft↙。

【操作提示】输入命令后，AutoCAD 提示：

按放样次序选择横截面或 [点(PO)/合并多条边(J)/模式(MO)]：选择横截面。

按放样次序选择横截面或 [点(PO)/合并多条边(J)/模式(MO)]：继续选择或确定取消选择。

输入选项 [导向(G)/路径(P)/仅横截面(C)/设置(S)]〈仅横截面〉：

⇒G：指定控制放样实体或曲面形状的导向曲线。

每条导向曲线必须满足以下条件才能正常工作：与每个横截面相交；从第一个横截面开始；到最后一个横截面结束。

输入 G 继续提示：

选择导向曲线：

⇒P：指定放样实体或曲面的单一路径。路径曲线必须与横截面的所有平面相交。输入 P 继续提示：

选择路径：指定放样实体或曲面的单一路径。

⇒S：弹出如图 7-3 所示对话框。

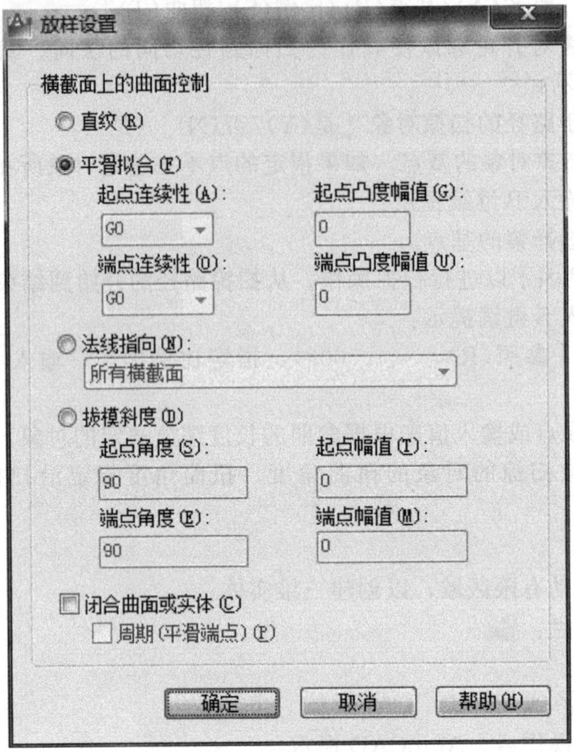

图 7-3　放样设置对话框

7.3　三维编辑命令

7.3.1　概述

三维 CAD 的学习仍然与二维绘图密切相关,一是因为二维是三维的重要基础,二是因为有很多命令在三维空间还可以应用,如果对二维命令理解得深入,在三维空间使用二维命令有时其效果不仅等同于三维命令操作,甚至更省时间得到更好的效果。当然读者必须自己亲自去不断实践,慢慢地掌握其中的规律。以下给出一些二维、三维相互可以应用的命令。

① Array、Rotate、Mirror、Offset、Scale、Move、Copy、Pedit、Ddmodify 等,在三维空间的平行坐标系中继续适用。

② Lengthen、Extend、Trim、Break 等仍然适用于编辑三维直线或曲线,不适用于面框和实体造型。

③ Stretch 适用于三维线框和面框。

④ 实体造型使用 Explode 命令后变成面框造型,再使用 Explode 命令变成线框造型。

7.3.2　三维图形编辑操作

(1) 实体分割(求实体截面)

命令:sec↙或 🔲。

选择截面对象↙,通常用 3 点法给 3 点。

知识点：实体截面可以移动，还有求解其他方法。
（2）实体剖切
命令：sl↙或 。
选择对象↙，通常用3点法，给出P1～P3。
在要保留的一侧指定点或［保留两侧(B)］：点或B↙。
知识点：三点确定的平面无限延伸。
（3）实体干涉检查
命令：interfere↙或 。
选择实体的第一集合：
选择对象↙。
选择实体的第二集合：
选择对象↙。
互相比较各组实体。
弹出对话框，如图7-4所示。

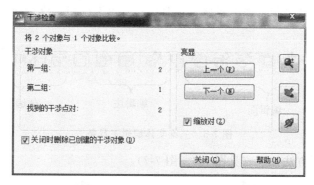

图7-4　干涉检查对话框

勾选对话框左下角可以决定是否创建干涉实体。
（4）实体倒圆角
命令：fillet↙或图标 。
输入命令后，AutoCAD提示：
当前模式：模式＝修剪，半径＝10.00。
选择第一个对象或［放弃(U)/多段线(P)/半径(R)/修剪(T)/多个(M)］：
输入圆角半径〈10.00〉：
选择边或［链(C)/半径(R)］：选择要到的圆角边。
选择边或［链(C)/半径(R)］：继续选择要到的圆角边，或回车结束。
⇒选择边：对所选择的边倒圆角。
⇒链（C）：对构成封闭链的所有边同时倒圆角。
（5）实体倒斜角
命令：chamfer↙或图标 。
输入命令后，AutoCAD提示：
（"修剪"模式）当前倒角距离1＝10.00，距离2＝10.00。
选择第一条直线或［放弃(U)/多段线 (P)/距离 (D)/角度 (A)/修剪 (T)/方式 (E)/多个（M）］：
在此提示下，选择实体上要倒角的边，该边所在的其中一个面亮显，同时提示：

基面选择…
输入曲面选择选项［下一个(N)/当前（OK）］〈当前〉:
指定基面的倒角距离〈10.00〉:指定第一倒角距离↙。
指定其他曲面的倒角距离〈10.00〉:指定第二倒角距离↙。
选择边或［环(L)］:
⇒选择边:对基面上指定的边进行倒角。
⇒环（L）:对基面上所有的边同时进行倒角。

(6) 实体转换

命令：convtosolid↙（无图标）。

该命令可将具有厚度的统一宽度的宽多段线、闭合的或具有厚度的零宽度多段线、具有厚度的圆转换为实体。

知识点：该操作可认为是 Exploded 命令的逆过程，将线或面重新构造成三维实体。

7.3.3 三维实体编辑工具栏

这个命令组在编辑三维实体的时候特别有用，它主要编辑三维实体对象的面和边，其工具条如图 7-5 所示。

图 7-5 三维实体编辑工具条

三维实体面选择方法如下（见图 7-6、图 7-7）。

 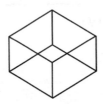 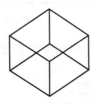 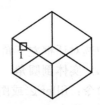

(a) 选定面　　　　(b) 从选择集中删除了面　　　　(a) 选择集　　　　(b) 添加到选择集中的面

图 7-6 单面选择示例　　　　　　　　　　图 7-7 添加面选择

① 在二维线框状态下选择面，注意其图标。
② 选择单一外表面避开棱边。
③ 选择相交外表面只需点交线或棱线。
④ 选择内表面尽量选择棱线。
⑤ 注意删除多余面技巧，提示行显示。
⑥ 注意选择对象时键盘上键入 A、选中全部对象时键入 ALL。

(1) 编辑面

将选定的三维实体对象的平整面拉伸到指定的高度或沿一路径拉伸。一次可以选择多个面。

① 拉伸实体面（左键单击图标 ▫）。如图 7-8～图 7-10 所示。
Solidedit↙，f↙，e↙选实体面↙，高度或路径 P↙，拉伸角度↙↙。

知识点：①选择面有技巧；②一个实体多个面；③多个面可以同时拉伸；④此时图标最管用；⑤命令结束连续两次回车；⑥继续命令可键盘可图标；⑦与 EXT 命令拉伸二维形的

区别;⑧注意内外表面有别。

   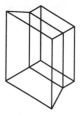

(a) 选定面　　(b) 拉伸了面　　　　　(a) 选定面　　(b) 正角度拉伸了面　(c) 负角度拉伸了面

图 7-8　单面拉伸示例　　　　　　　　图 7-9　面拉伸角度示例

(a) 选定面　　　　　(b) 选定路径　　　　　(c) 拉伸了面

图 7-10　按路径面拉伸示例

② 移动实体面(左键单击图标)。沿指定的高度或距离移动选定的三维实体对象的面。一次可以选择多个面,如图 7-11 所示。

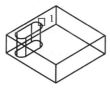 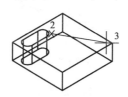 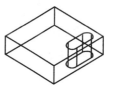

(a) 选定面　　　　(b) 基点和选定的第二点　　　(c) 移动了面

图 7-11　移动面示例

Solidedit↙,f↙,m↙,选实体面↙,基点,第二点,↙↙。

知识点:①选择所有外表面相当于实体移动;②选择部分外表面相当于实体拉伸(注意移动方向);③内部表面移动最有用。

③ 偏移实体面(左键单击图标)。按指定的距离或通过指定的点,将面均匀地偏移。正值增大实体尺寸或体积,负值减小实体尺寸或体积,如图 7-12 所示。

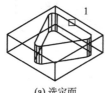 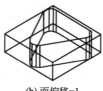 

(a) 选定面　　　　(b) 面偏移=1　　　　(c) 面偏移=-1

图 7-12　偏移面示例

Solidedit↙,f↙,o↙,距离↙,↙↙。

知识点:①偏移距离为正,材料增加;与内外表面联系考虑;②偏移距离为负,材料减少;与内外表面联系考虑;③内外表面区别。

④ 删除实体面(左键单击图标)。可以删除某些面、圆角和倒角面,如图 7-13 所示。

从选择集中删除以前选择的面。系统将显示以下提示。

Solidedit↙ f↙ d↙ 选实体面↙↙↙。

知识点：①可以删除倒角面；②可以删除内表面。

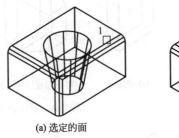
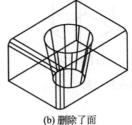

(a) 选定的面　　　　　　　　(b) 删除了面

图 7-13　删除面示例

⑤ 旋转实体面（左键单击图标）。绕指定的轴旋转一个或多个面或实体的某些部分，如图 7-14 所示。

Solidedit↙，f↙，r↙，选实体面↙，两点转轴，转角↙，↙↙。

知识点：①旋转面轴有方向，用右手大拇指指向；②旋转方向按四指并拢方向为正，相反为负。

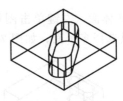

(a) 选定面　　　　(b) 选定的旋转点　　　　(c) 与Z轴成35°旋转的面

图 7-14　旋转面示例

⑥ 倾斜实体面（左键单击图标）。按一个角度将面进行倾斜。倾斜角的旋转方向由选择基点和第二点（沿选定矢量）的顺序决定，如图 7-15 所示。

Solidedit↙，f↙，t↙，选实体面↙，两点倾斜轴，转角↙，↙↙。

知识点：①倾斜面随倾斜轴倾斜，注意基点和第二点方向；②倾斜轴用右手四指按矢量方向指示，并与该面法线垂直，注意倾斜角正负；③与旋转面的区别和相似之处。

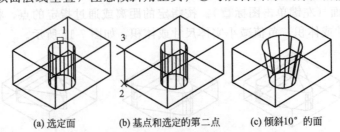

(a) 选定面　　　　(b) 基点和选定的第二点　　　　(c) 倾斜10°的面

图 7-15　倾斜面示例

⑦ 复制实体面（左键单击图标）。将面复制为面域或体。如果指定两个点，Solidedit 将使用第一个点作为基点，并相对于基点放置一个副本。如果指定一个点（通常输入为坐标），然后按 enter 键，Solidedit 将使用此坐标作为新位置，如图 7-16 所示。

Solidedit↙，f↙，c↙，选实体面↙，基点，目标点，↙↙。

知识点：复制的面就是面域。可拉伸、旋转、布尔操作。

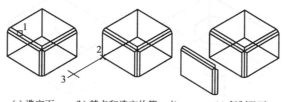

图 7-16　复制面示例

⑧ 实体面着色（左键单击图标）。Solidedit✓，f✓，L✓，选实体面✓，颜色对话框，选颜色，ok✓✓。

知识点：经常用于剖切开的面上进行面着色。

（2）编辑边

① 复制实体棱边（左键单击图标）。如图 7-17 所示。
Solidedit✓，edge✓，copy✓选实体边，基点，第二点，✓✓。

知识点：经常用于制作辅助线。

图 7-17　复制边示例

② 改变实体棱边颜色（左键单击图标）。
Solidedit✓，edge✓，color✓，选实体边，对话框，选颜色，确定，✓✓。

（3）体编辑

编辑整个实体对象，方法是在实体上压印其他几何图形，将实体分割为独立实体对象，以及抽壳、清除或检查选定的实体。

① 在实体表面压印（左键单击图标）。Solidedit✓，b✓，I✓，选压印实体，选压印对象，是否删除原对象（N）✓，选压印对象✓，✓✓，如图 7-18 所示。

知识点：①原实体存在；②选定的对象必须与该实体的面相交。

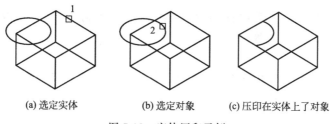

图 7-18　实体压印示例

② 清除实体多余棱边、顶点、压印，如图 7-19 所示。
Solidedit✓，b✓，L✓（左键单击图标）。
选欲清除实体，✓✓。

知识点：清除和实体相交的多余辅助线和压印。

第 7 章　CAD 软件三维图形设计基础

(a) 选定实体　　　　　　　(b) 清除了实体

图 7-19　清除压印示例

③ 分离不连续的实体（左键单击图标▥）。

Solidedit✓，b✓，P✓，选欲分离实体，✓✓。

知识点：多个不相交的实体可以用布尔"和"运算合并为一个并集。为了将其再分开，可用该命令分开并集。

④ 实体抽壳（左键单击图标▣）。抽壳是用指定的厚度创建一个空的薄层。可以为所有面指定一个固定的薄层厚度。通过选择面可以将这些面排除在壳外。一个三维实体只能有一个壳。通过将现有面偏移出其原位置来创建新的面，实体抽壳示例如图 7-20 所示。

Solidedit✓，b✓，S✓，选抽壳实体✓，距离（+—）✓，✓✓。

知识点：①删除面是不参与抽壳的面；②壳体偏移距离即为壳体厚度，注意其正负区别；③注意删除面要看提示行，实际面不能显示。

(a) 选定面　　　(b) 抽壳偏移=0.5　　(c) 抽壳偏移=-0.5

图 7-20　实体抽壳示例

⑤ 实体检查（左键单击图标▨）。检查三维对象是否为有效的实体，此操作独立于 Solidcheck 设置。

Solidedit✓，b✓，C✓，选实体，见提示。

知识点：①复杂的项目经常用很多种辅助形；②当棱线过多的时候，区分不清；③用三维命令可能出现问题，需要判断是否为实体的时候用此命令。

(4) 部分 3D 命令

3D 命令主要包括：三维移动命令 3dMove、三维旋转命令 3dRotate、三维镜像 3dMirror、三维对齐 3dAlign 等。

① 三维移动

【功能】在三维视图中显示移动夹点工具，并沿指定方向将对象移动指定距离。

【命令启动】工具栏：▤。

命令行：3dmove✓。

【操作提示】输入命令后，AutoCAD 提示：

选择对象：选择移动对象。

选择对象：继续选择或确定取消对象选择。

指定基点或 [位移(D)]〈位移〉：指定第二个点或〈使用第一个点作为位移〉：

【注意】如果正在视觉样式设置为二维线框的视口中绘图，则在命令执行期间，3dMove

会将视觉样式暂时更改为三维线框。

② 三维旋转

【功能】三维实体绕空间轴旋转。

【命令启动】下拉菜单：修改＼三维操作＼三维旋转。

工具栏：⊕。

命令：3drotate↙。

【操作提示】输入命令后，AutoCAD 提示：

当前正向角度：ANGDIR＝逆时针 ANGBASE＝0。

选择对象：选择要旋转的实体。

选择对象：继续选择或确定结束。

指定轴上的第一个点或定义轴依据［对象（O）/最近的（L）/视图（V）/X 轴（X）/Y 轴（Y）/Z 轴（Z）/两点（2）］：选择轴上点或其他选项。

⇒O：将旋转轴与现有对象对齐。继续提示：

选择直线、圆、圆弧或二维多段线线段：

⇒L：使用最近的旋转轴。

⇒V：将旋转轴与当前通过选定点的视口的观察方向对齐。

⇒X、Y、Z：将旋转轴与通过指定点的坐标轴（X、Y 或 Z）对齐。

→2：使用两个点定义旋转轴。

③ 三维镜像

【功能】在三维空间以某一平面来镜像三维实体。

【命令启动】下拉菜单：修改＼三维操作＼三维镜像

命令：3dmirror↙。

【操作提示】输入命令后，AutoCAD 提示：

选择对象：选择要进行镜像的实体。

选择对象：继续选择，或回车确定。

指定镜像平面（三点）的第一个点或

［对象(O)/最近的(L)/Z 轴(Z)/视图(V)/XY 平面(XY)/YZ 平面(YZ)/ZX 平面(ZX)/三点(3)］〈三点〉：指定镜像平面上 3 点或其他选项。

⇒O：使用选定平面对象的平面作为镜像平面。继续提示：

选择圆、圆弧或二维多段线线段：选择镜像平面

是否删除源对象？［是(Y)/否(N)]〈否〉：

⇒L：相对于最后定义的镜像平面对选定的对象进行镜像处理。

⇒Z：根据平面上的一个点和平面法线上的一个点定义镜像平面。

⇒V：将镜像平面与当前视口中通过指定点的视图平面对齐。继续提示：

在视图平面上指定点〈0，0，0〉：指定点或按回车键

是否删除源对象？［是(Y)/否(N)]〈否〉：

⇒XY、YZ、ZX：将镜像平面与一个通过指定点的标准平面（XY、YZ 或 ZX）对齐。继续提示：

在 XY、YZ 或 ZX 平面上指定点〈0，0，0〉：指定点（1）或按 enter 键。

是否删除源对象？［是（Y）/否（N）］〈否〉：输入 y 或 n，或按 enter 键。

⇒3：通过三个点定义镜像平面。如果通过指定点来选择此选项，将不显示"在镜像平面上指定第一点"的提示。继续提示：

在镜像平面上指定第一点：指定点（1）。

在镜像平面上指定第二点：指定点（2）。
在镜像平面上指定第三点：指定点（3）。
是否删除源对象？［是（Y）/否（N）］〈否〉：输入 y 或 n，或按 enter 键。

④ 三维对齐

【功能】可以通过移动、旋转或倾斜对象来使该对象与另一个对象对齐。

【命令启动】工具栏：🔲。

命令行：3dalign✓

【操作提示】输入命令后，AutoCAD 提示：

选择对象：选择对象。

指定基点或［复制(C)］：选择点。

指定第二个点或［继续(C)]〈C〉：选择点。

指定第三个点或［继续(C)]〈C〉：选择点。

指定第一个目标点：选择点。

指定第二个目标点或［退出（X）]〈X〉：选择点。

指定第三个目标点或［退出（X）]〈X〉：选择点。

⑤ 三维阵列

【功能】在三维空间阵列实体。

【命令启动】下拉菜单：修改\三维操作\三维阵列。

命令：3darray✓或图标🔲。

【操作提示】输入命令后，AutoCAD 提示：

选择对象：选择要阵列的实体。

选择对象：继续选择或回车确定。

输入阵列类型［矩形(R)/环形(P)]〈矩形〉：R✓选择阵列类型（矩形）。

输入行数（---）〈1〉：输入阵列行数✓

输入列数（|||）〈1〉：输入阵列列数✓

输入层数（...）〈1〉：输入阵列层数✓

指定行间距（---）：输入行间距✓

指定列间距（|||）：输入列间距✓

指定层间距（...）：输入层间距✓

如果响应"环形（P）"，为环形阵列，输入"P"后，继续提示：

输入阵列中的项目数目：

指定要填充的角度（+=逆时针，-=顺时针）〈360〉：输入旋转角度✓

旋转阵列对象？［是（Y）/否(N)]〈是〉：确定是否旋转阵列对象✓

指定阵列的中心点：

指定旋转轴上的第二点：

阵列效果相当于绕空间一个轴阵列后的效果，只是一圈。

7.4 三维精确绘图

7.4.1 三维实体的组合与分解

有很多三维实体的形状可以拆分成几个简单的三维实体，且拆分的效果不同，生成三维实体的方法也不同,这就带来一个重要的问题,就是如何拆分才能使得该三维实体的造型更加简单。同一实体可能存在着不同的组合或拆解方法,拆解得好三维实体的制作可能简单,否则就可能很复杂。这一步做不好就意味着下面操作的麻烦和操作过程的烦琐,因此一定要仔细规划和重视三维实体的拆分形式,这样才能达到事半功倍的效果。

7.4.2 三维复杂绘图方法

三维复杂图形的绘制与三维简单图形绘制有共同之处,其区别只是图形比较精确、复杂一些,绘制过程中需要注意上述的思路与方法。

① 正确审图,理解三维结构,规划其三维简单形状的拆分方法。这一步至关重要,决定着后续作图的速度和质量。

② 规划制作步骤,找到最简便的方法。

③ 技巧和方法:化繁为简;box 必不可少;尽量减少坐标系的更换;结合编辑命令进行操作;多利用追踪(在 xy 面内);如果有实用程序帮助最好,如十字线、平行线、中心点矩形、三维螺钉、三维螺旋线、三维孔、三维螺孔、三维凸台等。

由于三维图形的精确绘制与三维图形简单绘制没有实质性的区别,只是命令使用的多少、经验的丰富与否、耐心和细心的问题,因此这里不再举例,希望读者认真阅读三维简单图形绘制的方法、说明以及二维精确图形绘制的注意事项,再通过大量的训练、总结、提高,必能熟练应用。

7.5 三维图形转换二维图形

7.5.1 三种空间的概念

(1) 三种空间定义

① 模型空间。即三维空间,也可称为三维造型空间,在此空间可以绘制三维实体,如图 7-21 所示。

图 7-21 模型、图纸空间及其快速按钮

② 图纸空间。纯二维空间,没有 Z 坐标,用来生成视口、投影的空间;也可以绘制二维图形的空间。

③ 图模空间,图纸空间中的三维空间,通常用来调整模型空间中的三维图形,并进行简单的三维操作,为最后投影做好充分准备。

(2) 三种空间的特点

模型空间坐标系外观是一个三轴相互垂直的直角形,通常只有一个;图纸空间外观是一个 XY 组成的三角形,可以有多个视口,且其边框为细实线或无色(当将其视口线层关闭);图模空间视口线为粗实线;此空间会出现模型空间坐标系符号。

(3) 三种空间的切换

① 模型、图纸空间的切换。鼠标左键"模型"卡、布局卡。

② 图纸、图模空间转换。鼠标双击空白处进入图纸空间,双击图形视口进入图模空间;

左键上部"模型"按钮进入模型空间、左键下部"模型"按钮进入图纸空间,并注意图标变化。

7.5.2 设置视口缩放比例

视口的缩放比例可以通过图 7-22 所示的"视口"工具条右侧的"比例"下拉列表来以选择。

图 7-22 "视口"工具条

7.5.3 设置视图对齐缩放特性

【功能】调整各个视口中的视图的对齐、缩放比例、插入标题栏等。
【命令启动】mvsetup↙
【操作提示】输入命令后,AutoCAD 提示:
输入选项[对齐(A)/创建(C)/缩放视口(S)/选项(O)/标题栏(T)/放弃(U)]:
输入选项或按 enter 键结束命令。
①"对齐(A)":在视口中平移视图,使它和另一个视口中的基点对齐。输入"A↙"后,继续提示:
输入选项[角度(A)/水平(H)/垂直对齐(V)/旋转视图(R)/放弃(U)]:
"角度(A)":指定的方向平移视图。
"水平(H)":平移视图,直到它与另一个视口中的基点水平对齐。只能用水平放置的两个视口。
"垂直对齐(V)":平移视图,直到它与另一个视口中的基点垂直对齐。只能用垂直放置的两个视口。
"旋转视图(R)":在视口中绕基点旋转视图。
在视口中沿指定的方向平移视图 a↙,选对齐符号,捕捉合适的两点↙。
②"创建(C)":创建视口。
③"缩放视口(S)":调整显示在视口中的对象的缩放比例因子。
④"选项(O)":修改图形前,设置 Mvsetup 配置。
⑤"标题栏(T)":创建图形边界和标题栏。

7.5.4 Mview 视口及 Solprof 投影

(1)视口含义及创建
① 创建视口含义。在图纸空间建立视口及其调整。
a. 建立视口的重要意义。要想得到二维投影图,必须先建立视口,设置视图方向,然后进行投影,即"视口+投影",才能完成三维到二维的转换。
b. 视口设置数量及排列。通常是 4 个,形状为矩形,即主视图视口、俯视图视口、左视图视口、西南等轴侧视图视口。
视口的形状还可以改变,可以是圆、多边形或更复杂的形状,这种视口在工程上也许有很大用途。
c. 投影准备工作。工具/选项/显示/布局元素/下面的 4 个钩去掉/确定。左键布局卡,即可进入图纸空间；右键布局卡，可以重新命名布局卡。

② 创建视口方法

a. 四矩形视口创建方法：命令：Mview↙，4↙，<布满>↙，即得到4视口。

b. 其他形状视口创建方法：先绘制多边形或圆形视口，然后进行如下操作。

命令：Mview↙，O↙，选实体↙，即得到多视口。

③ 对视口的操作

a. 视口可以当作实体处理，可擦除，移动，拷贝，如此可以得到六个视口或更多。

b. 视口中视图方向确定：双击进入视口，十个视图方向随用户要求选择。

c. 调整视口中视图位置：用移动图纸命令 Pan 或图标，将图拽到合适位置。

d. 视口中视图比例的确定：调出视口工具条，进入主视图视口，确定合适的比例，再次进入其他视口，相应调整其他视口比例，注意西南方向通常要小一些。

e. 调整视口中视图对齐：Mvsetup↙，A↙（水平），H↙，捕捉合适两点，V↙（垂直），捕捉合适两点，↙↙。

(2) Solprof 投影

① 投影准备。建立新图层，加载 hidden 线型，调整线形比例，进入需要投影的图模空间。

② 投影操作

命令：solprof↙或图标。

选择对象↙，↙，↙，↙。

① 单独层显示隐藏的轮廓线？[是（Y）/否(N)]<是>：↙；如果否，则隐藏线和轮廓线放在一层。

② 轮廓线投影到平面？[是（Y）/否(N)]<是>：↙；如果否，则产生三维线框图，这样可以生成纯三维线框图。

③ 删除相切的边？[是（Y）/否(N)]<是>：↙；去除圆柱与平面相切边，如果否，则显示相切边。

④ 系统自动建立2个新层 PH—??、PV—??，? 号代表系统自动加上的代号。

知识点：①如果视口中不显示投影后的结果，请单击二维线框按钮；②可以设置轮廓线层线宽，并按下线宽按钮，则打印出图或放大显示带有线宽；③可以标注尺寸，注意一定要在二维线框状态下输出图形，否则可能出现箭头空心现象；④注意关闭视口线层；⑤在哪个层投影哪个层就是视口线层。

如果将投影过程编程处理，可以将此工作变为自动效果，则工作效率极高。其投影效果如图 7-23～图 7-25 所示。

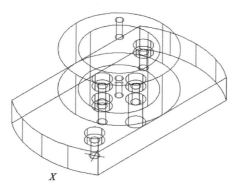

图 7-23　图形投影示例图

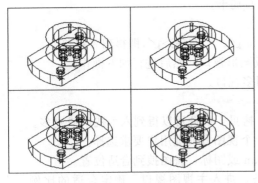

图 7-24 Mview 建立四个视口图

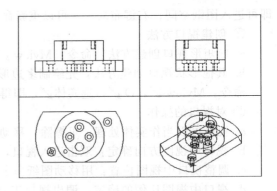

图 7-25 Solprof 投影后效果图

（3）三维图形自动投影为二维图形编程方法与实例

为了方便采用一个简单三维实体造型，对它进行自动快速投影，如果用交互方法进行，则需要至少几分钟，如果采用编程自动投影，则其几秒钟即可完成其投影过程。以下给出其编程代码，注意其投影设置为主视图、俯视图、左视图和西南方向视图四个方向，源程序文件如下。

```
(defun c:sslt(/ L p1 p2 p3 p4 p5 p6 p7 p8 p9 p10 p11 p12)    ;定义命令
    (setq sss1 (ssget))                                      ;等待用户选择实体
        (setq L (getreal "\n 实体的最大长度:"))              ;等待用户输入长度
        (vl-load-com)                                        ;加载 ActiveX 函数
        (setq acad1 (vlax-get-acad-object))                  ;返回 AutoCAD 应用程序对象的指针
        (setq pre (vla-get-preferences acad1))               ;返回 AutoCAD 应用程序对象的 pref-
                                                              erences 对象
        (setq dis (vla-get-display pre))                     ;返回 preferences 对象的 display 对象
        (vla-put-layoutdisplaymargins dis 0)                 ;设置 display 对象的 layoutdisplaymargins
                                                              属性，即在布局中不显示可打印区域
        (vla-put-layoutdisplaypaper dis 0)                   ;设置 display 对象的 layoutdisplaypaper
                                                              属性，即在布局中不显示图纸背景
        (writescr)                                           ;调用自定义函数,生成 scr 文件
        (setq xp (strcat (rtos (/ 120.0 L)) "xp"))           ;计算缩放比例
        (setvar "tilemode" 0)                                ;激活最后一个布局选项卡
        (command "zoom" "0,0" "420,297")                     ;缩放窗口
        (command "-layer" "m" "skx" "c" "3" "skx" "" "")     ;新建层,并设置颜色
        (setq p1 "0,0"                                       ;计算 6 个视口的各个角点
         p2 "210,0"
         p3 "420,0"
         p4 "0,148.5"
         p5 "210,148.5"
         p6 "420,148.5"
         p7 "0,297"
         p8 "210,297"
         p9 "420,297"
        )
```

```
        (command "mview" p1 p5)              ;以点 p1 p5 创建新视口
        (command "mview" p2 p6)              ;以点 p2 p6 创建新视口
        (command "mview" p4 p8)              ;以点 p4 p8 创建新视口
        (command "mview" p5 p9)              ;以点 p5 p9 创建新视口
        (command "script" "c:/myscr.scr")    ;运行脚本文件
)
(defun writescr(/ f1)                        ;自定义函数
    (setq f1 (open "c:\myscr.scr" "w"))      ;以写模式打开 c:\myscr.scr 文件
    (write-line "mview on 10,297 " f1)       ;写入文本:打开一个视口
    (write-line "mspace" f1)                 ;写文本:从图纸空间切换到模型空间视口
    (write-line "view o f" f1)               ;写文本:设置当前视口为主视图
    (write-line "zoom ! xp" f1)              ;写文本:按比例缩放
    (write-line "solprof ! sss1  y y y" f1)  ;写文本:绘制选择实体的外轮廓
    (write-line "mview on 220,297 " f1)      ;写入文本:打开一个视口
    (write-line "mspace" f1)                 ;写文本:从图纸空间切换到模型空间视口
    (write-line "view o L" f1)               ;写文本:设置当前视口为左视图
    (write-line "zoom ! xp" f1)              ;写文本:按比例缩放
    (write-line "solprof ! sss1  y y y" f1)  ;写文本:绘制选择实体的外轮廓
    (write-line "mview on 10,0 " f1)         ;写入文本:打开一个视口
    (write-line "mspace" f1)                 ;写文本:从图纸空间切换到模型空间视口
    (write-line "view o T" f1)               ;写文本:设置当前视口为俯视图
    (write-line "zoom ! xp" f1)              ;写文本:按比例缩放
    (write-line "solprof ! sss1  y y y" f1)  ;写文本:绘制选择实体的外轮廓
    (write-line "mview on 220,0 " f1)        ;写入文本:打开一个视口
    (write-line "mspace" f1)                 ;写文本:从图纸空间切换到模型空间视口
    (write-line "view _swiso" f1)            ;写文本:设置当前视口为西南视图
    (write-line "zoom ! xp" f1)              ;写文本:按比例缩放
    (write-line "(change_colcor)" f1)        ;改变实体的颜色
    (write-line "shademode _o" f1)           ;写文本:设置着色为带边框体着色
    (close f1)                               ;关闭文件
)
(defun change_colcor(/ i ent)                ;自定义函数,改变实体颜色
    (setq i 0)                               ;循环变量
    (repeat (sslength sss1)                  ;循环
        (setq ent (entget (ssname sss1 i)))  ;得到实体的图元数据
        (if (assoc 62 ent)                   ;图元数据是否包含颜色信息
            (setq ent (subst (cons 62 9) (assoc 62 ent) ent));如果有颜色信息,则替
                                                             换颜色为 9 号颜色
            (setq ent (append ent (list (cons 62 9))));如果没有颜色信息,则添加 9
                                                       号颜色
        )
        (entmod ent)                         ;更新实体
        (setq i (+ i 1))                     ;循环变量加 1
```

);结束 change_color
);结束 writescr

有了上述程序只需在 AutoCAD 2012 系统中运行即可，它将自动生成图 7-26 所示投影加立体的效果图。

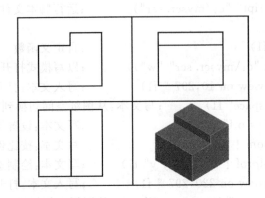

图 7-26 三视图和立体图自动投影效果

7.5.5 透视投影

(1) 透视图的定义

透视图即透视投影，在物体与观察者之间，假想有一透明平面，观察者对物体各点射出视线，与此平面相交之点相连接，所形成的图形，称为透视图。视线集中于一点即视点。简单理解就是从单一坐标轴方向观察可以生成一点透视；从两个坐标轴角平分线观察可以生成两点透视、从三个坐标轴中心观察可以生成三点透视，近大远小。

(2) 透视图的特点

透视图是在人眼可视的范围内。在透视图上，因投影线不是互相平行集中于视点，所以显示物体的大小，并非真实的大小，有近大远小的特点。形状上，由于角度因素，长方形或正方形会变成不规则四边形，直角变成锐角或钝角，四边不相等。圆的形状常显示为椭圆；透视关系可以简单地概括为：近大远小，近实远虚，近高远低。

(3) 透视举例

① 以一个长方体举例（600mm×400mm×400mm）。

② 选择需要透视的方向，做好准备。

③ 十个视图方向前 6 个可以理解为一点观察准备、后四个可以理解为三点观察准备，其操作技巧为：Dview✓，all✓，设置 Z 和 D 的值，直到调节合适为止，可以精确调节好，并用 View 命令保存视口。

④ 两点透视技巧。必须配合 Dview，调整 CA 照相机位置，调整与 XY 平面角度为 0°，与 X 轴夹角 -135°。多次调整并记录。

⑤ 视口保存 View。

⑥ Vports 多视口和单一视口变化，例如四个视口。

知识点：①透视模式鼠标操作失效；②需要多次调整效果；③view 可保存视图；④设置完成可进入图纸；⑤透视图必须在透视状态下消隐、关闭等操作；⑥如果此时左键视口按钮，也可自动关闭透视状态。

该线框立方体的三种透视图效果如图 7-27～图 7-29 所示，中间一条线是辅助对角线，供选择中心点目标点和视觉效果之用。

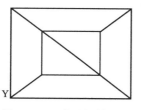 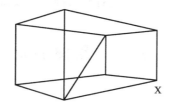 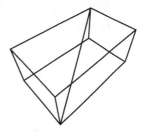

图 7-27　一点透视效果图　　　图 7-28　两点透视效果图　　　图 7-29　三点透视效果图

7.6　三维图形尺寸标注

7.6.1　三维图形尺寸标注原则

① 三维尺寸标注同样需要进行符合国家标准的各种设置，标注命令仍然采用标注工具栏上的按钮，如图 7-30 所示。

图 7-30　标注浮动工具条

② 尺寸标注必须在 XY 面上进行。

③ 尺寸线和文字关系是：尺寸线平行 X 轴，文字方向指向 Y 方向；尺寸线平行 Y 轴，文字方向指向 −X 方向。

通常标注文字可以通过左手法则来简单记忆，四指平行 X 轴指向尺寸线方向，则大拇指指向文字垂直方向，此时的手平面必须通过尺寸标注平面，即 XY 平面。

④ 三维标注输出相当于等轴测图，要求其在三个轴测方向的尺寸数量基本均等，且标注美观、整齐、对齐。

⑤ 文字的字体设置通常采用 Romans 或 Arial Narrow 字体，如果有一定的倾斜比较好，一般是 10°～15°。

⑥ 三维尺寸标注有时需要用多个视图表达，并非一个视图能够表达清楚，甚至有的时候还需要一些特殊表达方式，比如三维立体的曲线、圆弧过多的时候通常需要注意上述的问题。

7.6.2　三维尺寸标注技巧

① 先进行尺寸标注设置。
② 单独设置一个黄色层，标注尺寸。
③ 上下、左右、前后、其他分层顺序标注。
④ 特性对话框的使用。
⑤ 实用程序使用，补画中心线。
⑥ 一次可能字体或箭头设置不尽合理，并可以随时调整，字体和箭头设置一定要倾斜 10°～15°。
⑦ 可以设置多个总体尺寸标注形式，以应付同类尺寸不同标注形式；尤其是半径和直径。

⑧ 有时视图标注不够用，可以多用几个方向，不要过于死板。
⑨ 标注箭头如果出现空心效果，一定打开二维线框按钮模式。

7.7 三维图形装配

7.7.1 三维装配图概述

在工程实际中，所设计的工程或产品需要进行装配，以模拟真实的工作情况，发现设计中存在的问题。因此在三维产品造型设计中应该有实体装配的习题训练，在 AutoCAD2012 软件环境中进行三维实体装配比较简单，主要是考察学生运用三维对齐、旋转命令的熟练程度，再有就是一些简单的移动、复制、做辅助线等命令的使用。

(1) 三维装配概念

① 将三维零件按照设计要求合理的装配到一起，即为三维装配。

② 三维装配图通常分为部件装图和总装图；通常零件图组成部件装配图；再由部件装配图组成总体装配图。

③ 装配分为二维和三维装配图。

④ 三维装配又包括原位装配和爆炸装配。

⑤ 爆炸图也称为分解轴测图，它是按照产品的装配关系，将零件沿着某一个或几个轴线方向拉开而绘制的立体图，由于其形象直观，广泛应用于工程施工、课题研究、产品设计、方案论证、技术交流、产品介绍等各个方面。

(2) 三维装配一般规则

① 无论多么复杂的模型总是由简单的立体所构成的，因此建立复杂模型过程实际上就是不断地创建简单的 3D 对象，并将其在三维空间进行组合的过程。分解复杂模型的方案有多种，用户应该仔细分析各种方案的优点和缺点，选择一种比较好的方案建立模型。简单的三维零件可以一次完成，但要注意尽可能采用长方体制作参考系；对于复杂的三维零件，应该适当地拆分成几个简单组件，再运用简单三维零件的生成方法，不过最后要进行三维装配、组合、布尔运算。

② 生成各种简单立体的方法常常不止一种，有简单、复杂之分。

③ 仔细划分图层，对于比较复杂的三维模型，如果将某些图层关闭或冻结，就可以大大减少图形生成时间，方便选择、方便定位、着色、分配材质。

④ 有关模型细节问题，如果模型只是希望获得三维立体效果图，则模型细节结构可以近似完成；如果是精确加工零件，则必须精确绘制，不得近似。

(3) 三维装配的方法

① 在基础零件上逐个绘制其他零件，直至最后完成整个装配图。先绘制单个零件，最后总装。

② 精确、灵活地调整三维空间坐标系做图，UCS 坐标系在三维空间中一定要熟练、灵活运用。

③ 利用 Move、Align、Insert、3dMirror、3dRotate 等命令装配 3D 对象，注意捕捉工具的运用。

注意：十个视图方向、捕捉、粘贴、复制等三维和二维编辑命令综合利用；装配过程中可以做三维干涉检查。

7.7.2 三维爆炸图

(1) 三维爆炸的基本要求

① 应该首先在草稿纸上规划三维爆炸图的表达方法,分清主要、次要爆炸装配体,并在主装配体上引出三维装配轴线,将所有待装配零件的序号一一标出,顺序不能出错。注意有时一种方向的视图不能完全反映整个全面,可能适当地增加其他方向的表达。

② 打开每一张三维零件图,将其视角方向调整到与爆炸装配要求一致的方向、大小,然后将其制作成图形文件块。

③ 打开三维主体零件图,按草图规划画出三维装配轴线,然后用插入命令将各零件按拆装顺序排列在相应的轴线上,适当调整方向,给每一个零件编上序号,序号要与装配图和零件图中序号完全一致。

(2) 绘制爆炸图方法

① 拼装法。即单独画出各个零件立体图,将其定义为图块,用插入图块的方法拼装爆炸图;也可以将各零件存为图形文件,插入图形文件也可以生成爆炸图。

要点:先插入起主要作用的基础件,在基础件上绘制拉伸轴线,然后将零件对齐到拉伸轴线上。

② 直接生成法。先绘制基础件,再绘制拉伸轴线,在轴线上一一绘制装配零件,注意图层的使用及零件的方位。此方法相对于第一种方法采用较少。

但不论采用哪种方法,最后都要检查模型绘制的正确性,并注意将所有零件尽量用不同颜色区分开来,这一方面是为了表达清楚、好看,另一方面为检查方便。

此外应注意运用多视点、多视口、动态轨迹球等工具检查装配图或爆炸图模型建立的准确性。

(3) 装配爆炸图的技巧

① 提前制作所有零件图。

② 打开基础件图。

③ 建立多个层和颜色;将其他零件粘贴到基础层后,另存。

④ 调整各个零件图装配方向。

⑤ 移动各个零件到合适位置即可(提前制作装配辅助线最好,某些零件有时需要提前安装成部件)、(零件可以相互穿过而无影响;二维线框图标、视图方向调整、作图辅助线跟上,有时需要切开看清再移动,surftab1、surftab2、facetres 系统变量的调整、三维坐标的运用、螺纹的制作有时要编程)

⑥ 爆炸图的制作需要等到做完装配图后,移动零件图到合适位置,再次另存即可,有时还需投影后再制作装配轴线。

第8章 给排水工程三维图形绘制实例

8.1 三维图形绘制技巧概述

(1) 三维空间想象力

AutoCAD2000 以上的软件系统的模型空间其实就是一个三维空间,其二维图形的生成只是在 XY 平面无限延伸,Z 坐标为 0 的平面而已,请读者要非常注意。

(2) 三维立方体面参照系

三维立方体面的制作是根据所需绘制的零件的长、宽、高尺寸而绘制的,是用户非常重要的辅助参照系,尤其是三维交互绘图,它的建立有利于读者建立三维空间方位,有利于三维实体零件生成后的尺寸检测,养成这种习惯尤其对于三维复杂零件,使用户在制作过程中不迷失方向,能够头脑清楚地、快速地进行三维零件的制作过程。某种意义上讲它是三维空间加工产品的"车间";有些读者忽视这种做法,一旦制作复杂零部件就会不知所云,有时甚至陷入困境,以至做不下去。

(3) 三维观察

需要读者注意的是在"视图"工具栏中,有十个视向,即上、下、左、右、前、后、西南、东南、西北、东北。在完成了三维立体面参照系制作后,最重要的是操作"西南"方向视向按钮操作,这个操作很有意思,它相当于在二维空间的 Zoom 的 E 命令操作,使得当前所制作的三维立体面在当前窗口以西南方向的最大形状显示,给后面的操作带来方便。

(4) 三维坐标系

紧跟三维视向的操作,就是三维坐标系的建立。请读者注意最好先打开 UCS 工具栏,学会熟练使用其上的各个命令操作。其中最常用的是三点建立新坐标系;还需请读者注意的是,有时三维空间坐标系不能按照读者的意图移动到合适的位置,这时可能是由于图形显示过大,此时只需将图形适当缩小即可。

(5) 多义线在三维空间应用

许多读者很熟悉二维空间常用的多义线命令,它最大的好处是一个命令操作下来,它所形成的实体是一个完整的,无论该实体形状多么复杂,编辑的时候一律视为一个完整实体而被编辑。它在三维空间还有一个更大的好处,即由多义线所形成的封闭实体,AutoCAD 软件系统视其为一个封闭的面域,而面域在系统内部是可以运用拉伸命令的。

(6) 三维实体形状分析

有很多三维实体的形状可以拆分成几个简单的三维实体,且拆分的效果不同,生成三维实体的方法也不同,这就带来一个重要的问题,如何拆分才能使得该三维实体的造型更加简单,这一步做不好就意味着下面的操作的麻烦和操作过程的陈长,因此请读者一定仔细规划和重视三维实体的拆分形式,达到事半功倍的效果。

(7) 布尔运算

三维简单造型中涉及简单的三维布尔运算，主要应用的命令是"和与差"运算，"和"命令是选完所有的实体后再求"和"；"差"命令需要注意哪些是"被减体"，哪些是"减体"，注意了这两个方面剩下的操作就简单了。

(8) CAD软件其他注意事项

① 需要注意AutoCAD软件系统的操作必须是在当前坐标系XY平面内，通常出了该平面的操作无效；当然有的时候开着捕捉可以起到一定作用。

② 许多二维空间的命令在三维空间继续发挥着重大的作用，而有些命令是失效的，这一点也请读者注意和体会。

③ 注意层、颜色、线型的设置仍然有其重要性，三维辅助线和辅助立体面的颜色最好与三维实体造型分开。

④ 布尔运算何时运用是一个很重要的问题，请大家注意。

⑤ 三维实体标注尺寸仍需沿用二维CAD的尺寸标注设置，只是文字通常需要倾斜$10°\sim15°$。

(9) 水处理三维图形

① 分析图形结构，分解水处理图形各个最简单图元。

② 将简单图元一一绘制。

③ 完成简单图元的装配。

④ 绘制图元注意，要利用三维参照系做法，把图元按长宽高尺寸做好二维参照系，然后利用二维图形绘制，再拉伸、旋转、放样形成三维图。

⑤ 注意视图方向观察，多用西南方、东南方、东北方、西北方等。

⑥ 水处理三维图形相对比较简单，大部分都是CAD软件常用的三维简单形状，如圆柱、圆锥、圆环、球体、立方体、壳体、圆管、弯头等形状，很好制作，关键是细心、认真。

8.2　竖流式二沉池三维图形绘制

竖流式二沉池整体视图如图8-1所示，它由溢水槽、外圆桶套、出水口、支撑块、中心管、污泥回流管、进水口、中心管支撑钢架、污泥过滤漏斗、反射板、固定扁钢等零部件组成。

图8-1　竖流式二沉池整体视图

竖流式二沉池内部视图如图 8-2 所示。

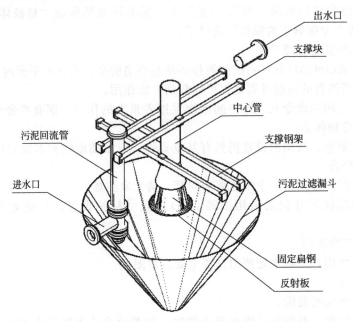

图 8-2　竖流式二沉池内部视图

绘制步骤如下。
(1) 绘制外圆筒罩
① 使用 Box 命令绘制一个 4432mm×4432mm×6058mm 的三维立方体作为参考。
② 使用 Circle 命令画直径为 4200mm 圆；
③ 使用 Extrude 命令拉伸圆至 4900mm 高度；
④ 使用 Solidedit 抽壳命令，抽壳厚度输入 8。
绘制的外圆筒罩如图 8-3 所示。

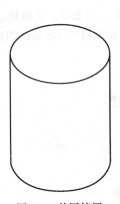

图 8-3　外圆筒罩

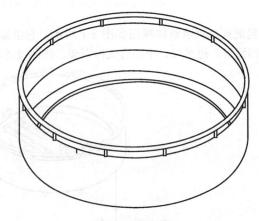

图 8-4　溢出槽

(2) 绘制溢出槽
① 使用 Pline 命令绘制溢出槽边框。
② 使用 Reolve 命令旋转 360°。
(3) 绘制溢出槽上圆柱扶手

① 使用 Cylinder 命令画圆柱。
② 使用 3dArray 命令环形阵列。
③ 使用 Torus 命令在扶手上方画圆环。
绘制的溢出槽如图 8-4 所示。

（4）绘制污泥过滤漏斗
① 使用 Cone 命令绘制大直径为 4000mm，高度为 2570mm 的圆锥体。
② Solidedit 抽壳命令，抽壳厚度输入 6。
绘制的污泥过滤漏斗如图 8-5 所示。

（5）绘制二沉池中心管反射板
① 使用 Cone 命令绘制大直径为 805mm，高度为 100mm 的圆锥体。
② 使用 Solidedit 抽壳命令，抽壳厚度输入 6。
绘制的二沉池中心管反射板如图 8-6 所示。

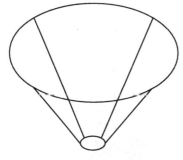

图 8-5　污泥过滤漏斗

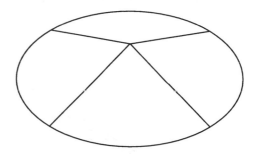

图 8-6　二沉池中心管反射板

（6）绘制二沉池中心管固定扁钢
① 使用 Cylinder 命令画圆柱。
② 使用 Solidedit 抽壳命令，抽壳厚度输入 6。
③ 使用 Box 命令画立方体。
④ 使用 su 命令求差集。
绘制的二沉池中心管固定扁钢如图 8-7 所示。

（7）绘制二沉池中心管支撑块
① 使用 Pline 命令画线。
② 使用 Extrude 拉伸。
绘制的二沉池中心管支撑块如图 8-8 所示。

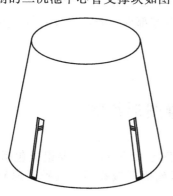

图 8-7　二沉池中心管固定扁钢

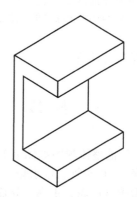

图 8-8　二沉池中心管支撑块

(8) 绘制二沉池中心管支撑钢架
① 使用 Box 命令画立方体。
② 使用 Rec 命令画矩形支撑钢架外形。
③ 使用 Extrude 命令拉伸。
绘制的二沉池中心管支撑钢架如图 8-9 所示。

(9) 绘制污泥回流管连接法兰
① 使用 Pline 划法兰外轮廓线。
② 使用 Revolve 命令旋转 360°。

(10) 绘制污泥回流管
① 使用 Circle 命令画圆。
② 使用 Line 命令画线。
③ 使用 Sweep 命令扫略。
绘制的污泥回流管如图 8-10 所示。

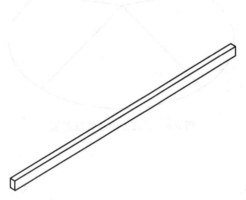

图 8-9　二沉池中心管支撑钢架

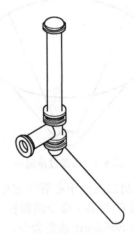

图 8-10　污泥回流管

(11) 三维总装配
① 分别绘制好各个零部件，分别存盘。
② 再全部打开所有图形。
③ 以第一个三维图形作为基础图，将其他图形利用复制、粘贴的功能粘贴到第一张图中。
④ 另存为竖流式二沉池三维装配图。
⑤ 在装配图中利用旋转、移动、对齐等命令将所有零部件对齐，安装到位，再次存盘即可。
⑥ 三维装配注意参考第 7 章三维装配技巧和方法内容。

8.3　二次曝气池三维图形绘制

二次曝气池整体视图如图 8-11 所示，内部视图如图 8-12 所示其主要组成包括：90°弯管、45°弯管、60°弯管、进水渠、进泥渠、出水渠、蜗轮蜗杆减速器、电磁调速异步电动机、泵 E 型曝气叶轮、走廊、导流筒、池体、支架等。

绘制步骤如下。

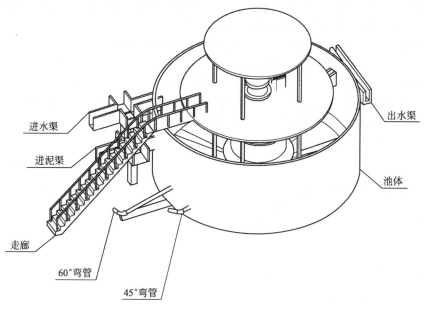

图 8-11 二次曝气池整体视图

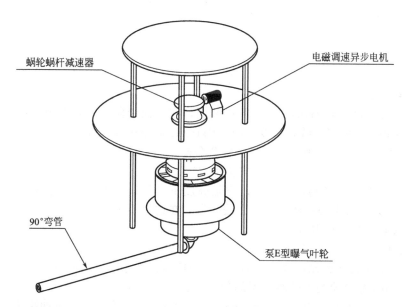

图 8-12 二次曝气池内部视图

(1) 池体的绘制
① 使用 Pline 命令绘制外轮廓，轮廓距离中心线 3250mm，高 5000mm。
② 使用 Revolve 旋转命令旋转。
③ 使用 Pline 命令绘制池体内部斜坡。
④ 使用 Revolve 命令旋转 360°。
绘制的池体如图 8-13 所示。
(2) 90°弯管的绘制
① 使用 Circle 命令按管子的内外径绘制同心圆；制作同心圆面域。
② 使用 Extrude 命令拉伸绘制同心圆面域，形成直管管路；一长一短两个管道。

③ 绘制 90°弯头半径，取其四分之一，将同心圆面域使用 Sweep 命令扫掠成弯管。
④ 使用 Pline 绘制法兰四分之一截面轮廓。
⑤ 使用 Revolve 命令将其旋转 360°，完成单个法兰三维图绘制。
⑥ 将法兰镜像为对称的两个，利用旋转、移动或 Align 对齐命令安装到管子头部。
⑦ 将另个直管、弯管、法兰一起安装成 90°弯管效果。
⑧ 45°弯管取圆周的八分之一，60°圆管取圆周的六分之一，都是将同心圆面域使用 Sweep 命令扫掠成弯管；分别得到 45°、60°弯管，这里不再赘述。

绘制的 90°弯管如图 8-14 所示。

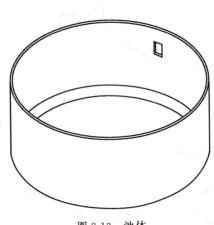

图 8-13　池体

图 8-14　90°弯管

（3）水渠的绘制
① 使用 Pline 命令绘制水渠的 L 形状截面，在前面绘制一个，左面绘制一个，相互垂直，注意高度相同，壁厚一致，长度不同；Extrude 命令拉伸二维水渠截面。
② 使用 Pline 命令绘制底座，Extrude 命令拉伸二维底座。
③ 将上述三者用 Union 命令合并成整个水渠。
④ 进水渠和进泥渠结构形状一样，只是高度不一样；出水渠与进水渠区别是渠道交叉角度为 60°，其余与进水渠一样，绘制方法一致，在这里不再赘述。

绘制的水渠如图 8-15 所示。

（4）蜗轮蜗杆减速器的绘制
① 使用 Circle 命令绘制底座，Extrude 命令拉伸二维底座，拉伸距离 200mm。
② 使用 Loft 命令绘制涡轮减速器部分。
③ 使用 Cirlce 命令绘制蜗杆部分，Extrude 命令拉伸二维蜗杆，拉伸距离 200mm。
④ 使用 Union 命令合并三部分。

绘制的蜗轮蜗杆减速器如图 8-16 所示。

（5）电磁调速异步电动机的绘制
① 使用 Rectangle 命令绘制底座，使用 Extrude 命令拉伸二维底座。
② 使用 Circle 命令绘制电机，使用 Extrude 命令拉伸二维电机。
③ 使用 Loft、Extrude 命令绘制剩余部分。
④ 使用 Union 命令合并五部分。

绘制的电磁调速异步电动机如图 8-17 所示。

（6）泵 E 型曝气叶轮的绘制
① 使用 Cricle 命令绘制底座，使用 Loft、Extrude 命令拉伸、放样绘制底座。

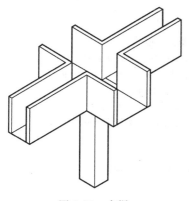

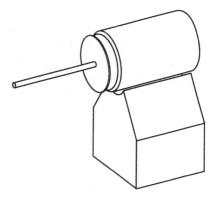

图 8-15　水渠　　　　　图 8-16　蜗轮蜗杆减速器　　　图 8-17　电磁调速异步电动机

② 使用 Circle 绘制叶轮，使用 Subtract、Array、Extrude 命令绘制叶轮。

③ 使用 Union 命令合并两部分。

绘制的泵 E 型曝气叶轮如图 8-18 所示。

（7）走廊的绘制

① 使用 Pline 命令绘制台阶，Line 命令绘制路径。使用 Extrude 命令拉伸二维台阶，使用 Array 命令阵列台阶。

② 使用 Circle、Line 命令绘制扶手，使用 Extrude、Sweep、Array 命令绘制扶手。

③ 使用 Union 命令合并两部分。

绘制的走廊如图 8-19 所示。

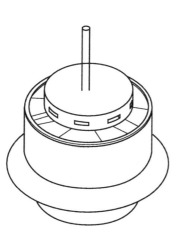
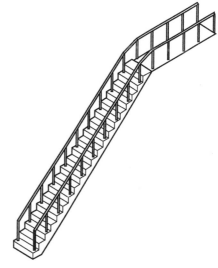

图 8-18　泵 E 型曝气叶轮　　　　　　　图 8-19　走廊

（8）三维总装配

请参考前面竖流式二沉池绘制实例，此处不再赘述。

参 考 文 献

[1] 江涛. AutoCAD 的定制与开发在给排水中的应用 [D]. 合肥：合肥工业大学，2009.
[2] 黄波，张国英. CAD 技术在建筑给排水工程设计中的应用 [J]. 内蒙古科技与经济，2009，9 (18)：113～115.
[3] 孟兆志，李峰. 建筑给排水 CAD 的现状问题及发展对策 [J]. 黑龙江水利科技，2005，33 (1)：92～93.
[4] 李端文. 建筑给排水 CAD 软件的开发及应用 [J]. 给水排水，1996，22 (11)：39～42.
[5] 王小华. 建筑给排水 CAD 软件的开发历程、现状及方向 [J]. 中国给水排水，2003，19 (5)：35～37.
[6] 李玉华，赵志领，彭晶. 建筑给排水 CAD 软件发展现状与改进对策 [J]. 哈尔滨工业大学学报，2003，35 (12)：1514～1516.
[7] 孙抗菌. 建筑给排水系统 CAD 的定制与二次开发 [D]. 合肥：合肥工业大学，2006.
[8] 胡鸣镝. 建筑工程给排水 CAD 辅助设计与绘图系统的开发及应用研究 [D]. 武汉：武汉理工大学，2003.
[9] 王希鹏. 三维仿真技术在建筑给排水管道工程中的应用研究 [D]. 青岛：青岛理工大学，2013.
[10] 金济川. 十年给排水设计回顾 [J]. 石油化工环境保护，1997，(4)：1～6.
[11] 周井兴. 市政道路给排水管道工程设计综述 [J]. 黑龙江科技信息，2005，(1)：206.
[12] 陈扬，李硕文，同帜，许学斌. 水处理工程计算机辅助设计 [J]. 西北纺织工学院学报，1996，11 (2)：169～171.
[13] 微先勋等. 环境工程设计手册（修订版）[M]. 长沙：湖南科学技术出版社，2002.
[14] 唐受印，戴友芝. 水处理工程师手册 [M]. 北京：化学工业出版社，2000.
[15] 唐受印等. 废水处理工程 [M]. 北京：化学工业出版社，1998.
[16] 李献文，安静. 建筑给排水工程 CAD [M]. 北京：中国建筑工业出版社，1999.
[17] 杨松林. 水处理工程 CAD 技术应用及实例 [M]. 北京：化学工业出版社，2000.
[18] 李英. 建筑给排水 CAD 绘图环境定制研究 [J]. 科技资讯，2008，(1)：80～81.
[19] 潘理黎. 环境工程 CAD 应用 [M]. 第 2 版. 北京：化学工业出版社，2012.